职业教育"十三五"
数字媒体应用人才培养规划教材

After Effects CS6

实例教程 微课版

战怡凯 唐永军／主编　许蕾 王荣 胡凯／副主编

人民邮电出版社

北　京

图书在版编目（CIP）数据

After Effects实例教程 / 战怡凯，唐永军主编. --
北京：人民邮电出版社，2021.7
职业教育"十三五"数字媒体应用人才培养规划教材
ISBN 978-7-115-54828-3

Ⅰ. ①A… Ⅱ. ①战… ②唐… Ⅲ. ①图像处理软件－
职业教育－教材 Ⅳ. ①TP391.413

中国版本图书馆CIP数据核字(2020)第168607号

内 容 提 要

本书全面、系统地介绍了 After Effects CS6 的基本操作方法和影视后期制作技巧，包括 After Effects CS6 入门知识、图层的应用、制作遮罩动画、应用时间线制作特效、创建文字、应用效果、跟踪与表达式、抠像、添加声音特效、制作三维合成特效、渲染与输出及综合设计实训等内容。

书中内容的讲解均以案例为主线。通过案例制作，读者可以快速熟悉软件功能和影视后期制作思路。书中的软件功能解析部分使读者能够深入学习软件功能和影视后期制作技巧；课堂练习和课后习题可以拓展读者的实际应用能力，提高读者的软件操作能力。本书在最后一章精心编写了综合设计实训案例，力求通过这些案例的制作提高读者的影视后期制作能力。

本书适合作为高等职业院校数字媒体艺术类专业 After Effects 课程的教材，也可作为自学 After Effects CS6 的人员的参考用书。

- ◆ 主　　编　战怡凯　唐永军
　　副主编　许　蕾　王　荣　胡　凯
　　责任编辑　刘　佳
　　责任印制　彭志环
- ◆ 人民邮电出版社出版发行　　北京市丰台区成寿寺路 11 号
　　邮编　100164　电子邮件　315@ptpress.com.cn
　　网址　https://www.ptpress.com.cn
　　涿州市京南印刷厂印刷
- ◆ 开本：787×1092　1/16
　　印张：16.25　　　　　　　　2021 年 7 月第 1 版
　　字数：440 千字　　　　　　2021 年 7 月河北第 1 次印刷

定价：49.80 元

读者服务热线：(010)81055256　印装质量热线：(010)81055316
反盗版热线：(010)81055315
广告经营许可证：京东市监广登字 20170147 号

After Effects 是由 Adobe 公司开发的影视后期制作软件。它功能强大、易学易用，深受广大影视后期制作爱好者和影视后期设计师的喜爱，已经成为这一领域最流行的软件之一。目前，我国很多高等职业院校的数字媒体艺术类专业将 After Effects 列为一门重要的专业课程。为了帮助高等职业院校的教师全面、系统地讲授这门课程，使读者能够熟练地使用 After Effects 来进行影视后期制作，我们几位长期在高等职业院校从事 After Effects 教学的教师与专业影视制作公司经验丰富的设计师合作，共同编写了本书。

本书经过精心的设计，按照"课堂案例—软件功能解析—课堂练习—课后习题—综合设计实训"这一思路来搭建体系结构，力求通过课堂案例演练使读者快速熟悉软件功能和影视后期制作思路；通过软件功能解析使读者深入学习软件操作技巧和制作特色；通过课堂练习和课后习题提高读者的实际应用能力。在内容编写方面，我们力求细致全面、重点突出；在文字叙述方面，我们注意言简意赅、通俗易懂；在案例选取方面，我们强调案例的针对性和实用性。

本书配套了书中所有案例的素材及效果文件、详细的课堂练习和课后习题的操作视频、PPT课件、教学大纲等丰富的教学资源，任课教师可到人民邮电出版社教育社区（www.ryjiaoyu.com）免费下载。本书的参考学时为 60 学时，其中实训环节为 20 学时，各章的参考学时可以参见下面的学时分配表。

章	课程内容	学时分配（学时）	
		讲授	实训
第 1 章	After Effects CS6 入门知识	2	0
第 2 章	图层的应用	4	2
第 3 章	制作遮罩动画	4	2
第 4 章	应用时间线制作特效	4	2
第 5 章	创建文字	2	2
第 6 章	应用效果	6	2
第 7 章	跟踪与表达式	2	2
第 8 章	抠像	2	2
第 9 章	添加声音特效	2	2
第 10 章	制作三维合成特效	4	2
第 11 章	渲染与输出	2	0
第 12 章	综合设计实训	6	2
学时总计		40	20

由于编者水平有限，书中难免存在不妥之处，敬请广大读者批评指正。

编 者
2021 年 3 月

After Effects CS6 教学辅助资源及配套视频列表

教学辅助资源

素材类型	名称或数量	素材类型	名称或数量
教学大纲	1 套	课堂案例	32 个
电子教案	12 单元	课堂练习	10 个
PPT 课件	12 个	课后习题	10 个

配套视频列表

章	视频微课	章	视频微课
第 2 章 图层的应用	飞舞组合字	第 7 章 跟踪与表达式	单点跟踪
	空中飞机		四点跟踪
	运动的线条		放大镜效果
	闪烁的星星		跟踪老鹰飞行
第 3 章 制作遮罩动画	粒子文字		跟踪对象运动
	粒子破碎效果	第 8 章 抠像	抠像效果
	调色效果		复杂抠像
	动感相册		替换人物背景
第 4 章 应用时间线制作特效	粒子汇集文字		外挂抠像
	运动的瓢虫	第 9 章 添加声音特效	为冲浪添加背景音乐
	花开放		为体育视频添加背景音乐
	水墨过渡效果		为影片添加声音特效
第 5 章 创建文字	打字效果		为都市前沿添加背景音乐
	烟飘文字	第 10 章 制作三维合成特效	三维空间
	飞舞数字流		星光碎片
	光效文字		冲击波
第 6 章 应用效果	闪白效果		旋转文字
	水墨画效果	第 12 章 综合设计实训	制作房地产广告
	修复逆光照片		制作城市夜生活纪录片
	动感模糊文字		制作草原美景相册
	透视光芒		制作探索太空栏目
	放射光芒		制作都市节目片头
	降噪		制作体育运动短片
	气泡效果		设计音乐在线片头
	手绘效果		设计健身运动纪录片
	单色保留		
	随机线条		

CONTENTS 目录

目录 CONTENTS

CONTENTS 目录

目录 CONTENTS

第1章
After Effects CS6 入门知识

本章对 After Effects CS6 的工作界面、软件相关的基础知识、文件格式、视频输出和视频参数设置进行了详细的讲解。读者通过对本章的学习，可以快速了解并掌握 After Effects CS6 的入门知识，为后面的学习打下坚实的基础。

课堂学习目标

✔ 认识 After Effects CS6 的工作界面
✔ 掌握软件相关的基础知识
✔ 了解文件格式以及视频的输出

1.1 After Effects CS6 的工作界面

After Effects CS6 是 Adobe 公司推出的图形视频处理软件，它允许用户改变工作区的布局，用户可以根据工作的需要移动和重新组合工作区中的工具箱和面板，如图 1-1 所示。下面将详细介绍常用的菜单栏和面板。

1.1.1 菜单栏

菜单栏几乎是所有软件都有的重要的界面要素之一，它包含了软件全部功能所对应的命令。After Effects CS6 提供了 4 大面板，分别为"项目"面板、"工具"面板、"合成"预览窗口、"时间线"面板，如图 1-1 所示。

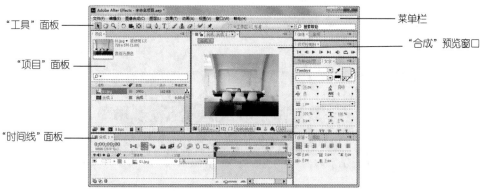

图1-1

1.1.2 "项目"面板

导入 After Effects CS6 中的所有文件、创建的所有合成文件、图层等都可以在"项目"面板中找到，而且可以清楚地看到每个文件的类型、尺寸、时间长短、文件路径等。当选中某一个文件时，可以在"项目"面板的上部查看该文件的缩略图和属性，如图 1-2 所示。

图 1-2

1.1.3 "工具"面板

"工具"面板中包含了经常使用的工具。有些工具按钮不是单一的按钮，在其右下角有三角标记的按钮都含有多种工具选项。例如，在"矩形遮罩"工具按钮□上按住鼠标左键不放，将会展开新的工具选项，拖曳鼠标指针即可进行选择。

"工具"面板中的工具如图 1-3 所示，包括"选择"工具▶、"手形"工具✋、"缩放"工具🔍、"旋转"工具⟳、"合并摄像机"工具📷、"定位点"工具⊡、"矩形遮罩"工具□、"钢笔"工具✒、"横排文字"工具T、"画笔"工具🖌、"图章"工具🖋、"橡皮擦"工具🩹、"ROTO 刷"工具🖊、"自由位置定位"工具📌、"本地轴方式"工具✛、"世界轴方式"工具●、"查看轴模式"工具🗗。

图 1-3

1.1.4 "合成"预览窗口

"合成"预览窗口可直接显示素材组合在经过特效处理后的合成画面。该窗口不仅具有预览功能，还具有控制、管理素材、窗口比例、当前时间、分辨率、图层线框、3D 视图模式和标尺等功能，它是 After Effects CS6 中非常重要的工作窗口，如图 1-4 所示。

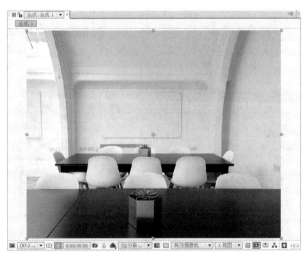

图 1-4

1.1.5 "时间线"面板

在"时间线"面板中可以精确设置合成过程中各种素材的位置、时间、特效和属性等，也可以进行影片的合成，还可以调整层的顺序和设置关键帧动画。"时间线"面板如图 1-5 所示。

图 1-5

1.2 软件相关的基础知识

在影视后期制作中，素材的输入和输出格式设置的不统一、视频标准的多样化都会导致视频变形、抖动等，还会使视频的分辨率和像素比出现问题。与这些问题相关的知识都是在制作前需要了解清楚的。

1.2.1 模拟化与数字化

传统的模拟录像机可以把实际生活中看到的、听到的东西录制为模拟格式。如果是用模拟摄像机或者其他模拟设备（例如录像带）进行录制，还需要配合使用将模拟视频数字化的捕获设备。

一般计算机中安装的视频捕获卡就是起这种作用的。模拟视频捕获卡有很多种，它们之间的区别表现在可以数字化的视频信号的类型和数字化处理后的视频的品质等。

Premiere 或者其他软件都可以用来进行数字化制作。视频数字化以后，就可以使用 Premiere、After Effects 或者其他软件在计算机中进行编辑了。编辑结束以后，为了方便使用，还可以再次进行输出。输出时可以使用数字格式，也可以使用 VHS、Beta SP 这样的模拟格式。

在科技飞速发展的今天，数码摄像机的使用越来越普遍，其价格也日趋稳定。因为数码摄像机是把录制的内容保存为数字格式，所以可以直接把这些内容导入计算机中进行制作。最为普及的数码摄像机使用的是一种称作 DV 的数字格式。

将 DV 格式的视频传送到计算机上要比传送模拟视频更加简单，因为计算机经常使用这种格式进行数据处理。这是最普遍、最经济、最常用的处理方式。

1.2.2 逐行扫描与隔行扫描

扫描是指显像管中电子枪发射出的电子束按一定规律移动且在电视或计算机屏幕上显示出画面的过程。在扫描的过程中，电子束从左向右、从上到下地移动。对于 PAL 制来说，它采用每帧扫描 625 行的方式；对于 NTSC 制来说，它采用每帧扫描 525 行的方式。扫描分为逐行扫描和隔行扫描两种方式。

逐行扫描是按顺序对每一行进行扫描，扫描一次即可显示一帧完整的画面，属于非交错形式。逐行扫描更适合在高分辨率下使用，同时也对显示器的扫描频率和视频带宽提出了较高的要求。扫描频率越高，刷新速度越快，显示效果就越稳定，例如，电影胶片、大屏幕彩色显示器等都采用逐行扫描方式。

隔行扫描是先扫描奇数行，再扫描偶数行，扫描两次后形成一帧完整的画面，属于交错形式。在对通过隔行扫描而得到的视频进行移动、缩放、旋转等操作的时候，会出现画面抖动、运动不平滑等现象，画面质量会因此而降低。

1.2.3　电视广播制式

目前正在使用的电视广播制式主要有 3 种，分别是美国国家电视标准委员会（National Television System Committee，NTSC）制式（即正交平衡调幅制）、PAL（Phase Alternation Line，逐行倒相）制式和 SECAM 制式（顺序传送彩色与存储）。这 3 种制式之间存在一定的差异。在各个地区购买的摄像机、电视机以及其他的一些视频设备，都会按照当地的标准来制造。如果要制作在不同标准下通用的内容，或者想要在自己的作品中插入按照其他标准制作的内容，必须考虑制式的问题。虽然各种制式之间可以相互转换，但因为在帧频和分辨率方面存在差异，所以在品质方面会发生一定的变化。SECAM 制式只能用于电视，在使用 SECAM 制式的国家有使用 PAL 制式的摄像机和其他数字设备。在这里要特别注意电视广播制式和录像磁带格式的不同。例如，VHS 格式的视频可以被处理成 NTSC 制式或者 PAL 制式的视频。

表 1-1 列出了不同电视广播制式的相关信息。

表 1-1

电视广播制式	国家和地区	扫描线	帧 频
NTSC 制式	美国、加拿大、日本、韩国等	525 行	29.97 帧/秒
PAL 制式	澳大利亚、中国、德国等	625 行	25 帧/秒
SECAM 制式	法国、中东、非洲大部分国家等	625 行	25 帧/秒

1.2.4　像素纵横比

不同规格的设备的像素纵横比是不一样的，画面在计算机中播放时，使用方形像素；在电视上播放时，使用 D1/DV PAL（1.09）的像素比，以保证在实际播放时画面不变形。

选择"图像合成 > 新建合成组"命令，在打开的对话框中设置相应的像素纵横比，如图 1-6 所示。

选择"项目"面板中的视频素材，再选择"文件 > 解释素材 > 主要"命令，打开图 1-7 所示的对话框；在其中可以对导入的素材进行设置，比如设置透明度、帧速率、场和像素纵横比等。

图 1-6

图 1-7

1.2.5　分辨率

普通电视和 DVD 的分辨率是 720px×576px。设置时应尽量使用同一尺寸，以保证分辨率的统一。

分辨率过大的图像在制作时会占用大量的制作时间和计算机资源，分辨率过小的图像则会使图像在播放时清晰度不够。

选择"图像合成 > 新建合成组"命令，或按 Ctrl+N 组合键，在弹出的对话框中可对分辨率进行设置，如图 1-8 所示。

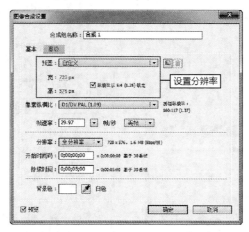

图 1-8

1.2.6　帧速率

PAL 制式的播放设备每秒播放 25 幅画面，也就是帧速率为 25 帧/秒。只有使用正确的帧速率才能流畅地播放动画。过高的帧速率会导致资源浪费，过低的帧速率会导致画面播放不流畅而产生抖动现象。

选择"文件 > 项目设置"命令，或按 Ctrl+Alt+Shift+K 组合键，在弹出的对话框中可设置帧速率，如图 1-9 所示。

图 1-9

> **提示**：这里设置的是时间显示样式。如果要按帧制作动画则可以选择"帧"样式，这样不会影响最终的帧速率。

也可选择"图像合成 > 新建合成组"命令，在弹出的对话框中设置帧速率，如图 1-10 所示。还可选择"项目"面板中的视频素材，再选择"文件 > 解释素材 > 主要"命令，在弹出的对话框中改变帧速率，如图 1-11 所示。

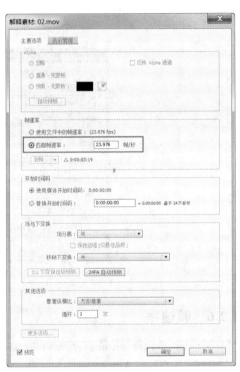

图 1-10　　　　　　　　　　　　　图 1-11

> **提示**：如果是动画序列，需要将帧速率值设置为 25 帧/秒；如果是动画文件，则不需要修改帧速率值，因为动画文件本身包括帧速率信息，并且会被 After Effects CS6 识别，如果修改这个值则会改变原动画的播放速度。

1.2.7　安全框

安全框是画面中可以被用户看到的范围。安全框以外的部分将不会显示，但安全框以内的部分可以保证被完全显示。

单击"选择参考线与参考线选项"按钮回，在弹出的列表中选择"字幕/活动安全框"选项，即可打开参考可视范围，如图 1-12 所示。

1.2.8　场

场是隔行扫描的产物。隔行扫描是指扫描一帧画面时采

图 1-12

用由上到下的扫描方式，先扫描奇数行，再扫描偶数行，扫描两次后形成一幅画面。由上到下扫描一次叫作一个场，形成一幅画面需要两个场。如果每秒显示 25 帧画面时，则需要由上到下扫描 50 次，也就是每个场间隔 1/50s。如果扫描奇数行和扫描偶数行的时间点间隔 1/50s，就可以在帧速率为 25 帧/秒的设备上显示 50 幅画面。每秒显示的画面多了自然就会播放得更流畅，跳动的效果也会减弱，但是场会加重图像锯齿。

要在 After Effects CS6 中导入有场的文件，可以选择"文件 > 解释素材 > 主要"命令，在弹出的对话框中进行设置，如图 1-13 所示。

> 提示：这个步骤叫作"场分离"。如果选择"上场优先"，并且在制作过程中加入了后期效果，那么在最终渲染输出的时候，输出的文件必须带场，才能将下场加入后期效果；否则"下场"就会自动丢弃，图像质量也会降低。

在 After Effects CS6 中输出有场的文件的相关操作如下：按 Ctrl+M 组合键，弹出"渲染队列"面板，单击"最佳设置"按钮，在弹出的"渲染设置"对话框中的"场渲染"下拉列表中选择输出有场的文件的方式，如图 1-14 所示。

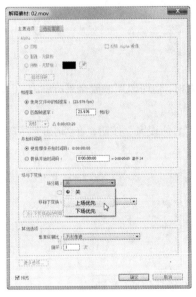

图 1-13

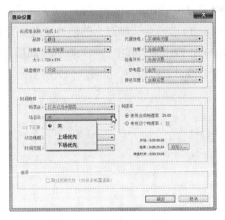

图 1-14

> 提示：如果使用这种方法生成动画，且在设备上播放动画时出现因为场错误而导致的问题，则说明素材使用的是下场，需要在选择素材后按 Ctrl+F 组合键，然后在弹出的对话框中选择下场。

如果出现画面跳格的现象，则是因为 30 帧转换为 25 帧后产生帧丢失，需要选择 3:2 Pulldown 的场偏移方式。

1.2.9　动态模糊

动态模糊会产生拖尾效果，使每帧画面更接近，从而减少每帧画面之间因为差距大而引起的闪烁或抖动，但这要牺牲图像的清晰度。

按 Ctrl+M 组合键，弹出"渲染队列"面板，单击"最佳设置"按钮，在弹出的"渲染设置"对话框中可对动态模糊进行设置，如图 1-15 所示。

图 1-15

1.2.10　帧混合

帧混合可以用来消除画面的轻微抖动，对于有场的素材，也可以用帧混合来抗锯齿，但效果有限。在 After Effects CS6 中，帧混合的相关按钮如图 1-16 所示。

按 Ctrl+M 组合键，弹出"渲染队列"面板，单击"最佳设置"按钮，在弹出的"渲染设置"对话框中可对帧混合进行设置，如图 1-17 所示。

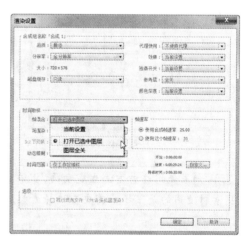

图 1-16　　　　　　　　　　　　　　　　　　　　　图 1-17

1.2.11　抗锯齿

锯齿的出现会使图像显得粗糙、不精细。提高图像质量是减少锯齿的主要办法，但对于有场的图像只能通过添加动态模糊、牺牲清晰度来抗锯齿。

按 Ctrl+M 组合键，弹出"渲染队列"面板，单击"最佳设置"按钮，在弹出的"渲染设置"对话框中可设置抗锯齿的相关参数，如图 1-18 所示。

如果是矢量图像，可以单击按钮 （见图 1-19），一帧一帧地重新计算矢量图像的分辨率。

图 1-18

图 1-19

1.3　文件格式以及视频的输出

在 After Effects CS6 中，可使用图形图像文件格式、视频压缩编码格式、音频压缩编码格式等多种格式的文件，还可以对视频进行输出设置。

1.3.1　常用图形图像文件格式

1. GIF 格式

GIF 是由 CompuServe 公司开发的可存储 8 位图像的文件格式，采用无失真压缩技术，多用于网页制作和网络传输。

2. JPEG 格式

JPEG 是采用了静止图像压缩编码技术的图像文件的格式，是目前网络上应用最广的图像文件格式，可支持不同的压缩比。

3. BMP 格式

BMP 最初是 Windows 操作系统中的标准图像文件格式，现在已有多种图形图像处理软件支持和使用该种格式。BMP 格式是位图格式，位图可分为单色位图、16 色位图、256 色位图、24 位真彩色位图等。

4. PSD 格式

PSD 是由 Adobe 公司开发的图像处理软件——Photoshop 所使用的图像文件格式，它能保留在利用 Photoshop 制作图像的过程中各图层的图像信息。越来越多的图像处理软件开始支持这种图像文件格式。

5. FLM 格式

FLM 是 Premiere 输出的一种图像文件格式。Premiere 将视频片段输出成序列帧图像，每帧图像的左下角为时间编码，且遵循 SMPTE 时间码标准，右下角为帧编号；可以在 Photoshop 中对这些图像进行处理。

6. TGA 格式

TGA 格式的文件的结构比较简单，属于图形、图像数据的通用格式，在多媒体领域有着很大影响，是由计算机生成的图像向电视转换的首选格式之一。

7. TIFF 格式

TIFF 是 Aldus 公司和 Microsoft 公司为扫描仪和台式计算机出版软件开发的图像文件格式。TIFF 定义了黑白图像、灰度图像和彩色图像的存储格式，格式可长可短，与操作系统以及软件无关，扩展性好。

8. DXF 格式

DXF 是用于 Autodesk 公司开发的，用于 AutoCAD 的文件格式。

9. PIC 格式

PIC 是 PCPaint 所使用的图像文件格式。

10. PCX 格式

PCX 格式是 Z-soft 公司为存储由画图软件产生的图像而建立的图像文件格式，是位图文件的标准格式，是一种基于计算机画图程序的专用格式。

11. EPS 格式

EPS 格式包括矢量图形和位图图形文件格式，几乎支持所有的图形和页面排版程序。EPS 格式用于在应用程序间传输 PostScript 语言图稿。在 Photoshop 中打开其他程序创建的包含失量图形的 EPS 格式的文件时，Photoshop 会对此文件进行栅格化，将矢量图形转换为像素。EPS 格式支持多种颜色模式，还支持剪贴路径，但不支持 Alpha 通道。

12. SGI 格式

SGI 格式是由 Silicon Graphic 创建的位图文件格式，可以用于 After Effects 7.0 与其他 SGI 上的高端产品间的文件交换。

13. RLA/RPF 格式

RLA/RPF 格式是一种包含 3D 信息的文件格式，通常用于三维图形在特效合成软件中的后期合成。该格式包含对象的 ID 信息、z 轴信息、法线信息等。RPF 格式相对于 RLA 格式来说，包含了更多的信息，是一种较为先进的文件格式。

1.3.2 常用视频压缩编码格式

1. AVI 格式

音频视频交错（Audio Video Interleaved，AVI）就是将视频和音频交织在一起进行同步播放。这种格式的视频文件的优点是图像质量好，可以跨多个平台使用；缺点是体积过于庞大，且压缩标准不统一，因此经常会遇到高版本 Windows 媒体播放器播放不了采用早期编码编辑的 AVI 格式的视频，而低版本 Windows 媒体播放器又播放不了采用最新编码编辑的 AVI 格式的视频的问题。

2. DV-AVI 格式

目前非常流行的数码摄像机就是使用 DV-AVI（Digital Video AVI）格式记录视频数据的。这种格式可以通过计算机的 IEEE 1394 端口将视频数据传输到计算机中，也可以将计算机中编辑好的视频数据回录到数码摄像机中。这种视频格式的文件扩展名一般也是 .avi，所以人们习惯叫它 DV-AVI 格式。

3. MPEG 格式

常见的 VCD、SVCD、DVD 使用的就是动态图像专家组（Moving Picture Expert Group，MPEG）格式。MPEG 格式是运动图像的压缩算法的国际标准，它采用有损压缩的方法来减少运动图像中的冗余信息。MPEG 格式的压缩方法说得深入一点就是保留相邻两幅图像中绝大多数相同的信息，把后续图像和前面图像中冗余的信息去除，从而达到压缩的目的。目前 MPEG 格式主要有 MPEG-1、MPEG-2 和 MPEG-4 等压缩标准。

◎ MPEG-1 是针对数据传输速率在 1.5Mbit/s 以下的数字存储媒体运动图像及其伴音编码而设计的国际标准，也就是通常所见到的 VCD 格式；这种视频格式的扩展名包括 .mpg、.mlv、.mpe、.mpeg 及 VCD 中的 .dat 等。

◎ MPEG-2 的设计目标为获得高级工业标准的图像质量以及更高的传输速率。这种格式主要应用在 DVD/SCVD 的制作（压缩）方面，同时在一些高清晰度电视（High Definition Television，HDTV）和一些高要求的视频的编辑、处理方面也有一定的应用。这种视频格式的文件扩展名包括 .mpg、.mlv、.mpe、.mpeg、.m2v 及 DVD 中的 .vob 等。

◎ MPEG-4 是为了播放流式媒体的高质量视频而专门设计的，它可以利用很小的带宽，通过帧重建技术来压缩和传输数据，从而达到用最少的数据获得最佳的图像质量的目的。MPEG-4 最有吸引力的地方在于它能够保存画质接近于 DVD 画质的小体积视频文件。这种视频格式的文件扩展名包括 .asf、.mov、.divx 和 .avi 等。

4. H.264 格式

H.264 是由国际标准化组织（International Organization for Standardization，ISO）和国际电工委员会（International Electrotechnical Commission，IEC）组成的动态图像专家组与国际电信联盟（International Telecommunication Union，ITU）的视频编码专家组组成的联合视频组（Joint Video Team，JVI）制定的新一代视频压缩编码标准。动态图像专家组将该标准命名为高级视频编码（Advanced Video Coding，AVC），作为 MPEG-4 标准的第 10 个选项；而视频编码专家组却将该标准正式命名为 H.264。

H.264 和 H.261、H.263 一样，也采用了离散余弦变换（Discrete Cosine Transform，DCT）编码加差分脉编码调制（Differential Pulse Code Modulation，DPCM）的混合编码方式。同时，H.264 在混合编码的框架下引入了新的编辑方式，从而提高了编辑效率，也更贴近实际应用。

H.264 没有烦琐的选项，而是力求 "回归基本"。它具有比 H.263++ 更好的压缩性能，还具有适应多种信道的能力。H.264 应用广泛，可满足各种不同传输速率、不同场合的视频应用，具有良好的抗误码和抗丢包的能力。H.264 的基本系统无需版权，具有开放的性质，能很好适应国际互连协议（Internet Protocol，IP）和无线网络的使用环境，这对目前利用因特网传输多媒体信息、移动网传输宽带信息等都具有重要意义。

H.264 使运动图像压缩技术上升到了一个更高的水平，利用较窄的带宽传输高质量的图像是 H.264 的亮点。

5. DivX 格式

这是由 MPEG-4 衍生出的另一种视频压缩编码格式，也就是通常所说的 DVDrip 格式。DivX

格式采用了 MPEG-4 的压缩算法，同时又综合应用了 MPEG-4 与 MP3 各方面的技术。具体而言，就是使用 DivX 压缩技术对 DVD 视频图像进行高质量的压缩，同时用 MP3 技术和 AC3 技术对音频进行压缩，然后再将视频与音频合成并加上相应的外挂字幕文件。DivX 格式的视频的画质接近 DVD 视频并且其占用空间只有 DVD 视频的几分之一。

6. MOV 格式

MOV 格式是由美国 Apple 公司开发的一种视频格式，默认播放器是 QuickTime Player。MOV 格式具有较高的压缩比和较完美的视频清晰度等特点，但是其最大的特点还是跨平台性，即不仅支持 Mac OS 操作系统，同样也支持 Windows 操作系统。

7. ASF 格式

高级串流格式（Advanced Streaming Format，ASF）是 Microsoft 公司为了和现在的 Real Player 竞争而推出的一种视频格式，用户可以直接使用 Windows Media Player 播放 ASF 格式的文件。由于 ASF 格式使用了 MPEG-4 的压缩算法，所以其压缩比和图像的质量都很不错。

8. RM 格式

RM（Real Media）格式是 Real Networks 公司制定的音频/视频压缩规范，用户可以使用 Real Player 和 Real One Player 对符合该规范的网络音频/视频资源进行实时播放。该规范还根据不同的传输速率制定出了不同的压缩比，从而达到在低速率的网络上进行影像数据的实时传输和播放的目的。这种格式的另一个特点是用户可以在不下载音频/视频内容的条件下使用 Real Player 或 Real One Player 播放器实现在线播放。

9. RMVB 格式

这是一种由 RM 格式升级而来的新视频格式。它的先进之处在于不再采用原 RM 格式所采用的平均压缩采样的方式，而是在保证平均压缩比的基础上合理利用资源，即静止和运动速度较慢的画面场景采用较低的编码速率，这样可以留出更大的带宽空间，而这些带宽空间会在出现快速运动的画面场景时被利用。这样既现保证了静止图像的质量，又大幅提高了运动图像的质量，从而使得图像质量和文件大小之间达到了巧妙的平衡。

1.3.3 常用音频压缩编码格式

1. CD 格式

目前音质最好的音频格式是 CD（Compat Disk）格式。在大多数播放软件的"打开文件类型"中都可以看到扩展名为.cda 的文件，这就是 CD 音轨。标准 CD 格式的采样频率是 44.1kHz，传输速率是 88kbit/s，量化位数是 16 位。因为 CD 音轨可以说是近似无损的，所以它所记录的声音是非常接近原声的。

CD 可以用 CD 唱片机来播放，也可以用计算机里的各种播放软件来播放。CD 格式的音频文件的扩展名是.cda，这代表该文件只是索引信息，并不包含声音信息，所以不论音频时间长短，在计算机上看到的扩展名为.cda 的文件都是 44 字节长。

> **提示：** 不能直接将 CD 格式的文件复制到硬盘上播放，需要使用像 EAC（Exact Audio Copy）这样的抓音轨软件把 CD 格式的文件转换成 WAV 格式的文件。如果光盘驱动器质量过关而且 EAC 的参数设置得当，转换后的文件基本上可以说是无损音频，所以推荐大家使用这种方法。

2. WAV 格式

WAV 格式是 Microsoft 公司开发的一种声音文件格式，它符合资源互换文件格式（Resource Interchange File Format，RIFF）规范，用于保存 Windows 操作系统中的音频资源，被 Windows 操作系统及其应用程序所支持。WAV 格式支持（MS-ADPCM、CCITT A-Law）等多种压缩算法，支持多种音频位数、采样频率和声道。标准 WAV 格式和 CD 格式一样，其采样频率也是 44.1kHz，传输速率是 88 kbit/s，量化位数也是 16 位。

3. MP3 格式

MP3 格式诞生于德国。MP3 指的是 MPEG 标准中的音频部分，也就是 MPEG 音频层。MPEG 音频层根据压缩质量和编码处理方式的不同分为 3 层，分别对应扩展名为.mp1、.mp2、.mp3 这 3 种声音文件。

> **提示：** MPEG 音频文件的压缩方式是一种有损压缩方式。MP3 音频编码技术具有 1:12~1:10 的高压缩率，可基本保持低音频部分不失真，但是牺牲了音频文件中 12kHz~16kHz 的高音频部分的质量来缩小文件的体积。

相同长度的音频文件，若用 MP3 格式来存储，则其占用空间一般只有 WAV 格式的文件的 1/10，但其音质次于 CD 格式或 WAV 格式的音频文件。

4. MIDI 格式

MIDI 格式允许数字合成器和其他设备交换数据。MIDI 格式的文件并不是一段录制好的声音，而是记录声音的信息，它是告诉声卡如何再现声音的一组指令。1 个 MIDI 格式的文件每存储 1 分钟的声音大约只用 5~10KB 的存储空间。

MIDI 格式的文件主要用于原始乐器作品、流行歌曲的业余表演、游戏音轨以及电子贺卡等。MIDI 格式主要应用于计算机作曲领域。MIDI 格式的文件可以通过作曲软件制成，也可以通过把外接乐器演奏的乐曲输入计算机来制成。

5. WMA 格式

WMA 格式的文件的音质要强于 MP3 格式，它和日本 YAMAHA 公司开发的 VQF 格式一样，都是以减少数据流量但保持音质的方法来获得比 MP3 格式更高的压缩率的。WMA 格式的压缩率一般可以达到 1:18 左右。

WMA 格式的另一个优点是内容提供商可以通过数字版权管理（Digital Rights Management，DRM）方案（如 Windows Media Rights Manager 7）建立防复制保护机制。这种内置的版权保护技术可以限制播放时间、播放次数甚至播放的设备等，这对音乐公司来说是福音。另外，WMA 格式的文件还支持音频流（Stream）技术，适合在线播放。

WMA 格式的文件在录制时可以对音质进行调节。对于同一格式的文件，音质好的可与 CD 媲美，压缩率较高的可用于网络广播。

1.3.4 视频文件的输出设置

按 Ctrl+M 组合键，弹出"渲染队列"面板，单击"输出组件"选项右侧的"无损"按钮，弹出"输出组件设置"对话框，在这个对话框中可以对视频的输出格式、编码方式、大小、比例以及音频等进行设置，如图 1-20 所示。

格式：在"格式"选项的下拉列表中可以选择输出格式和输出图片序列，一般使用 TGA 格式的序列；输出样品成片的可以使用 AVI 格式和 MOV 格式，输出贴图时可以使用 TIFF 格式和 PIC 格式。

格式选项：输出图片序列时，可以选择输出的颜色位数；输出影片时，可以设置压缩方式和压缩比。

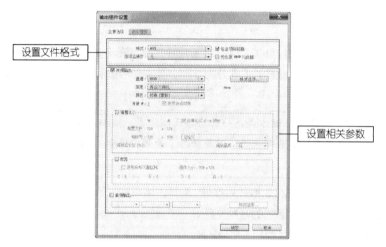

图 1-20

1.3.5 视频文件的打包设置

在影视合成或者团队协作的过程中用到的素材可能分布在硬盘的各个区域，从而使用户在另外的设备上打开素材文件时会碰到部分文件丢失的情况。一个一个地找到并复制这些素材文件显然很麻烦，而使用"打包"命令可以自动把素材文件收集在一个目录中。

选择"文件 > 收集文件"命令，在弹出的对话框（见图 1-21）中单击"收集"按钮即可完成打包操作。

图 1-21

第 2 章
图层的应用

本章对 After Effects CS6 中图层的应用与操作进行了详细讲解。读者通过对本章的学习，可以充分理解图层的概念，并掌握图层的基本操作方法和使用技巧。

课堂学习目标

- ✓ 理解图层的概念
- ✓ 掌握图层的基本操作方法
- ✓ 了解层的 5 个基本"变换"属性和关键帧动画

2.1 理解图层的概念

在 After Effects CS6 中，无论是创作、合成，还是特效处理等操作都离不开图层，因此制作动态影像的第 1 步就是真正了解和掌握图层。在"时间线"面板中的素材都是以图层的方式按照上下位置关系依次排列组合的，如图 2-1 所示。

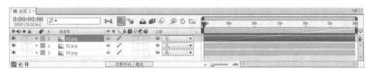

图 2-1

可以将 After Effects CS6 中的图层想象为一层层叠放起来的透明胶片，上一层有内容的地方将遮盖住下一层的内容，而上一层没有内容的地方则显示下一层的内容；如果上一层处于半透明状态，将依据半透明程度混合显示下一层的内容，这是最简单、最基本的图层的概念。图层与图层之间还存在着更复杂的组合关系，例如叠加模式、蒙版合成模式等。

2.2 图层的基本操作

图层的基本操作包括改变图层的上下顺序、复制层与替换层、给层加标记、让层自动适配合成图像的尺寸、层与层对齐和自动分布等。

2.2.1 课堂案例——飞舞组合字

◎ **案例学习目标** 学习使用文字的动画控制器来制作丰富多彩的文字特效动画。

案例知识要点

使用"导入"命令导入文件；新建合成并将其命名为"飞舞组合字"；为文字添加动画控制器和相关的关键帧动画制作文字飞舞的最终组合效果；为文字添加"斜面 Alpha""阴影"命令制作立体效果。飞舞组合字的效果如图 2-2 所示。

✛ **效果所在位置** 云盘\Ch02\飞舞组合字\飞舞组合字.aep。

图 2-2

1. 输入文字

（1）按 Ctrl+N 组合键，弹出"图像合成设置"对话框，在"合成组名称"文本框中输入"飞舞组合字"，其他选项的设置如图 2-3 所示，单击"确定"按钮，即可创建一个新的合成"飞舞组合字"。选择"文件 > 导入 > 文件"命令，在弹出的"导入文件"对话框中选择云盘中的"Ch02\飞舞组合字\(Footage)\01.jpg"文件，如图 2-4 所示，单击"打开"按钮即可导入背景图片，然后将其拖曳到"时间线"面板中。

图 2-3   图 2-4

（2）选择"横排文字"工具 $\boxed{\text{T}}$，在"合成"窗口中输入文字"达拉加斯极地海洋馆"；在"文字"面板中设置"填充色"为黄色（其 R、G、B 的值分别为 255、216、0），其他选项的设置如图 2-5 所示。"合成"预览窗口中的效果如图 2-6 所示。

图 2-5   图 2-6

（3）选中文字"达拉加斯"，在"文字"面板中设置文字参数，相关设置如图 2-7 所示。"合成"预览窗口中的效果如图 2-8 所示。

图 2-7   图 2-8

（4）选中"文字"层，单击"段落"面板中的"文字右对齐"按钮 $\boxed{\equiv}$，如图 2-9 所示。"合成"预览窗口中的效果如图 2-10 所示。

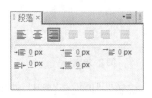

图 2-9   图 2-10

2. 添加关键帧动画

（1）展开"文字"层的"变换"属性，设置"位置"选项的数值为608.0，210.0，如图2-11所示。"合成"预览窗口中的效果如图2-12所示。

图2-11   图2-12

（2）单击"动画"右侧的按钮，在弹出的列表中选择"定位点"，如图2-13所示。在"时间线"面板中会自动添加一个"动画1"选项，设置"定位点"选项的数值为0.0，−30.0，如图2-14所示。

图2-13   图2-14

（3）按照上述方法再添加一个"动画2"选项。单击"动画2"右侧的"添加"按钮，在弹出的列表中选择"选择 > 摇摆"选项，如图2-15所示。展开"波动选择器1"属性，设置"波动/秒"选项的数值为0.0，"相关性"选项的数值为73%，如图2-16所示。

图2-15   图2-16

（4）再次单击"添加"按钮，添加"位置""缩放""旋转""填充色色调"选项，分别选择后再设定各自的参数值，如图2-17所示。在"时间线"面板中，将时间标签放置在3s的位置，分别单击这 4 个选项左侧的"关键帧自动记录器"按钮 ，如图 2-18 所示，记录第 1 个关键帧。

图 2-17

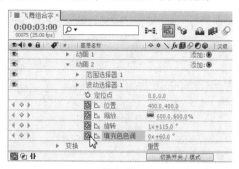

图 2-18

（5）在"时间线"面板中，将时间标签放置在 4s 的位置，设置"位置"选项的数值为 0.0，0.0，"缩放"选项的数值为 100.0，100.0%，"旋转"选项的数值为 0.0、0.0，"填充色色调"选项的数值为 0.0，0.0，如图 2-19 所示，记录第 2 个关键帧。

（6）展开"波动选择器 1"属性，将时间标签放置在 0s 的位置，分别单击"时间相位"和"空间相位"选项左侧的"关键帧自动记录器"按钮 ，记录第 1 个关键帧。设置"时间相位"选项的数值为 2.0，0.0，"空间相位"选项的数值为 2.0，0.0，如图 2-20 所示。

图 2-19

图 2-20

（7）将时间标签放置在 1s 的位置，如图 2-21 所示。在"时间线"面板中，设置"时间相位"选项的数值为 2.0，200.0，"空间相位"选项的数值为 2.0，150.0，如图 2-22 所示，记录第 2 个关键帧。将时间标签放置在 2s 的位置，设置"时间相位"选项的数值为 3.0，160.0，"空间相位"选项的数值为 3、125，如图 2-23 所示，记录第 3 个关键帧。将时间标签放置在 3s 的位置，设置"时间相位"选项的数值为 4.0，150.0，"空间相位"选项的数值为 4.0，110.0，如图 2-24 所示，记录第 4 个关键帧。

图 2-21

图 2-22

图 2-23 图 2-24

3. 添加立体效果

（1）选中"文字"层，选择"效果 > 透视 > 斜面 Alpha"命令，在"特效控制台"面板中设置参数，如图 2-25 所示。"合成"预览窗口中的效果如图 2-26 所示。

图 2-25 图 2-26

（2）选择"效果 > 透视 > 投影"命令，在"特效控制台"面板中设置参数，如图 2-27 所示。"合成"预览窗口中的效果如图 2-28 所示。

图 2-27 图 2-28

（3）单击"文字"层右侧的"运动模糊"按钮 ，并开启"时间线"面板中的动态模糊开关，如图 2-29 所示。飞舞组合字制作完成，如图 2-30 所示。

图 2-29

图 2-30

2.2.2 将素材放置到"时间线"面板中的多种方式

素材只有放入"时间线"面板中才可以进行编辑。将素材放入"时间线"面板的方法如下。

◎ 将素材直接从"项目"面板拖曳到"合成"预览窗口中，如图 2-31 所示，这样可以决定素材在合成画面中的位置。

◎ 在"项目"面板中将素材拖曳到合成层上，如图 2-32 所示。

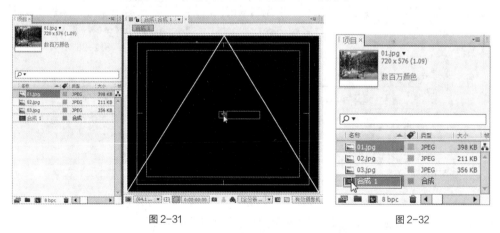

图 2-31

图 2-32

◎ 在"项目"面板中选中素材，按 Ctrl+ / 组合键，将所选素材放置到当前的"时间线"面板中。

◎ 将素材从"项目"面板拖曳到"时间线"面板中，在未松开鼠标左键时，"时间线"面板中会显示一条灰色的线，根据它所在的位置可以决定将素材放置到哪一层，如图 2-33 所示。

◎ 将素材从"项目"面板拖曳到"时间线"面板中，在未松开鼠标左键时，不仅会显示一条灰色的线来决定将素材放置到哪一层，同时还会在时间标尺处显示时间指针决定素材入场的时间，如图 2-34 所示。

图 2-33   图 2-34

◎ 在"项目"面板中双击素材，通过"素材"预览窗口打开素材，单击 ⟨、⟩ 两个按钮可设置素材的入点和出点，再单击"波纹插入编辑"按钮 🔳 或者"覆盖编辑"按钮 🔳 可插入"时间线"面板，如图 2-35 所示。

2.2.3 改变图层的上下顺序

◎ 在"时间线"面板中选择层，将其拖曳到适当的位置，可以改变图层的顺序，注意观察灰色水平线的位置，如图 2-36 所示。

图 2-35

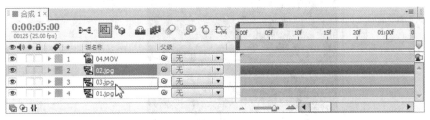

图 2-36

◎ 在"时间线"面板中选择层，可通过菜单和快捷键来移动图层。

① 选择"图层 > 排列 > 图层移到最前"命令，或按 Ctrl+Shift+] 组合键将图层移到最上方。

② 选择"图层 > 排列 > 图层前移"命令，或按 Ctrl+] 组合键将图层往上移一层。

③ 选择"图层 > 排列 > 图层后移"命令，或按 Ctrl+ [组合键将图层往下移一层。

④ 选择"图层 > 排列 > 图层移到最后"命令，或按 Ctrl+Shift+ [组合键将图层移到最下方。

2.2.4 复制层和替换层

1. 复制层

方法一如下。

◎ 选中层，选择"编辑 > 复制"命令，或按 Ctrl+C 组合键即可复制层。

◎ 选择"编辑 > 粘贴"命令，或按 Ctrl+V 组合键即可粘贴层。粘贴出来的新层将保留原层的所有属性。

方法二如下。

◎ 选中层，选择"编辑 > 副本"命令，或按 Ctrl+D 组合键即可快速复制层。

2. 替换层

方法一如下。

◎ 在"时间线"面板中选择需要替换的层，在"项目"面板中，在按住 Alt 键的同时，拖曳用来替换的新素材到"时间线"面板中，如图 2-37 所示。

方法二如下。

◎ 在"时间线"面板中的需要替换的层上右击，在弹出的菜单中选择"显示项目流程图中的图层"命令，打开"流程图"窗口。

◎ 在"项目"面板中，拖曳用来替换的新素材到"流程图"窗口中目标层的图标上方，如图 2-38 所示。

图 2-37

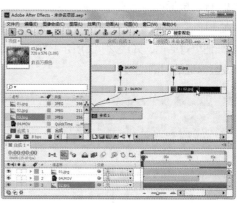
图 2-38

2.2.5 给层加标记

标记功能对于声音素材来说有着重要的意义，例如，如果在某个高音处或者某个鼓点处设置标记，那么在整个创作过程中，用户可以快速而准确地知道某个时间位置会发生什么。

1. 添加层标记

◎ 在"时间线"面板中选择层，并移动当前时间标签到指定的时间点上，如图 2-39 所示。

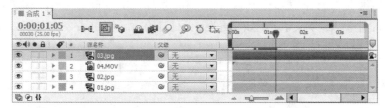
图 2-39

◎ 选择"图层 > 添加标记"命令，或按数字键盘上的*键即可完成标记的添加操作，如图 2-40 所示。

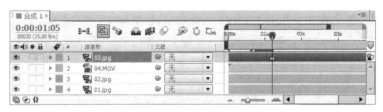

图 2-40

> **提示:** 在视频创作过程中，视觉画面总是与音乐相匹配的，选择背景音乐层，按数字键盘上的 0 键可以预听音乐。注意一边听一边在音乐变化时按数字键盘上的*键设置标记，并将标注的位置作为后续视频的关键帧位置的参考，停止播放音乐后将显示所有标记。

按数字键盘上的 0 键后预听音频的默认时间只有 30s，可以选择"编辑 > 首选项 > 预览"命令，弹出"首选项"对话框，调整"音频预演"设置区中的"持续时间"选项，可延长音频预听时间，如图 2-41 所示。选择"图像合成 > 预览 > 音频预演（从当前处开始）"命令，或"图像合成 > 预览 > 音频预演（工作区域栏）"命令，可预听音频。

2. 修改层标记

在层标记上按住鼠标右键后拖曳层标记到新的时间位置上即可修改层标记；或双击层标记，弹出"图层标记"对话框，如图 2-42 所示，在"时间"文本框中输入目标时间，单击"确定"按钮即可精确修改层标记的时间位置。

图 2-41

图 2-42

另外，为了更好地识别各个标记，可以给标记添加注释。双击标记，弹出"图层标记"对话框，在"注释"文本框中输入说明文字，例如"更改从此处开始"，添加后的效果如图 2-43 所示。

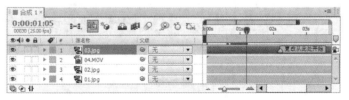

图 2-43

3. 删除层标记

◎ 在目标标记上右击，在弹出的菜单中选择"删除这个标记"或者"删除所有标记"命令。

◎ 按住 Ctrl 键的同时，将鼠标指针移至标记处，鼠标指针变为剪刀符号 ✂ 时，单击即可删除标记。

2.2.6 让层自动适配合成图像的尺寸

◎ 选择图层，选择"图层 > 变换 > 适配到合成"命令，或按 Ctrl+Alt+F 组合键以使层尺寸完全适配图像尺寸。如果层的长宽比与合成图像的长宽比不一致，将导致层变形，如图 2-44 所示。

◎ 选择"图层 > 变换 > 适配为合成宽度"命令，或按 Ctrl+Alt+Shift+H 组合键以使层宽与合成图像的宽适配，如图 2-45 所示。

◎ 选择"图层 > 变换 > 适配为合成高度"命令，或按 Ctrl+Alt+Shift+G 组合键以使层高与合成图像的高适配，如图 2-46 所示。

图 2-44　　　　　　　　　　　图 2-45　　　　　　　　　　　图 2-46

2.2.7 层与层对齐和自动分布

选择"窗口 > 对齐"命令，弹出"对齐"面板，如图 2-47 所示。

"对齐"面板中的第 1 行按钮从左到右分别为："水平方向左对齐"按钮 ▣、"水平方向居中"按钮 ▣、"水平方向右对齐"按钮 ▣、"垂直方向上对齐"按钮 ▣、"垂直方向居中"按钮 ▣、"垂直方向下对齐"按钮 ▣；第 2 行按钮从左到右分别为："垂直方向上分布"按钮 ▣、"垂直方向居中分布"按钮 ▣、"垂直方向下分布"按钮 ▣、"水平方向左分布"按钮 ▣、"水平方向居中分布"按钮 ▣ 和"水平方向右分布"按钮 ▣。

图 2-47

◎ 在"时间线"面板中，选择第 1 层，按住 Shift 键的同时选择第 4 层，即可同时选中第 1~4 层，如图 2-48 所示。

◎ 单击"对齐"面板中的"水平方向居中"按钮 ▣，即可将所选中的层水平居中对齐；再单击"垂直方向居中分布"按钮 ▣，将以"合成"预览窗口中的最上层和最下层为基准，平均分布中间两层，以使垂直间距一致，如图 2-49 所示。

图 2-48 图 2-49

2.3 层的 5 个基本"变换"属性和关键帧动画

在 After Effects CS6 中，层的 5 个基本"变换"属性分别是定位点、位置、缩放、旋转和透明度。下面将对这 5 个基本"变换"属性和关键帧动画进行讲解。

2.3.1 课堂案例——空中飞机

◎ **案例学习目标**　学习使用层的基本"变换"属性和关键帧动画。

☆ **案例知识要点**

使用"导入"命令导入素材；使用"缩放"属性和"位置"属性制作飞机动画；使用"阴影"命令为飞机添加投影效果。空中飞机效果如图 2-50 所示。

✛ **效果所在位置**　云盘\Ch02\空中飞机\空中飞机.aep。

图 2-50

扫码观看
本案例视频

扫码查看
扩展案例

1. 导入素材

（1）按 Ctrl+N 组合键，弹出"图像合成设置"对话框，在"合成组名称"文本框中输入"空中飞机"，其他选项的设置如图 2-51 所示，单击"确定"按钮，即可创建一个新的合成"空中飞机"。选择"文件 > 导入 > 文件"命令，弹出"导入文件"对话框，选择云盘中的"Ch02\空中飞机\ (Footage) \01.jpg、

02.png 和 03.png"文件，如图 2-52 所示，单击"打开"按钮即可将图片导入"项目"面板中。

图 2-51   图 2-52

（2）在"项目"面板中，选中"01.jpg"和"02.png"文件并将它们拖曳到"时间线"面板中，如图 2-53 所示。"合成"预览窗口中的效果如图 2-54 所示。

图 2-53   图 2-54

2. 编辑飞机动画

（1）选中"02.png"层，按 S 键，展开"缩放"属性，设置"缩放"选项的数值为 50.50%，如图 2-55 所示。"合成"预览窗口中的效果如图 2-56 所示。

图 2-55   图 2-56

（2）按 P 键展开"位置"属性，设置"位置"选项的数值为 641.4、106.6，如图 2-57 所示。"合成"预览窗口中的效果如图 2-58 所示。

图 2-57   图 2-58

（3）保持时间标签在 0s 的位置，如图 2-59 所示。单击"位置"选项左侧的"关键帧自动记录器"按钮 ⓑ，如图 2-60 所示，记录第 1 个关键帧。

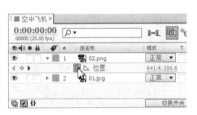

图 2-59   图 2-60

（4）将时间标签放置在 14:24s 的位置，在"时间线"面板中，设置"位置"选项的数值为 53.3、108.8，如图 2-61 所示，记录第 2 个关键帧。

（5）将时间标签放置在 5s 的位置，选择"选择"工具 ▶，在"合成"预览窗口中拖曳飞机到适当的位置，如图 2-62 所示，记录第 3 个关键帧。将时间标签放置在 10s 的位置，在"合成"预览窗口中拖曳飞机到适当的位置，如图 2-63 所示，记录第 4 个关键帧。

图 2-61   图 2-62   图 2-63

（6）选中"02.png"层，选择"效果 > 透视 > 阴影"命令，在"特效控制台"面板中，将"阴影色"设为黄色（其 R、G、B 的值分别为 255、210、0），其他选项的设置如图 2-64 所示。"合成"

预览窗口中的效果如图 2-65 所示。

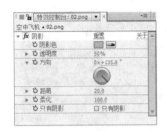

图 2-64   图 2-65

（7）在"项目"面板中，选中"03.png"文件并将其拖曳到"时间线"面板中，如图 2-66 所示。按照上述方法制作"03.png"层。空中飞机效果制作完成，如图 2-67 所示。

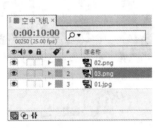

图 2-66   图 2-67

2.3.2 了解层的 5 个基本"变换"属性

除了单独的音频层以外，各类型的层至少有 5 个基本"变换"属性，它们分别是定位点、位置、缩放、旋转和透明度。可以通过单击"时间线"面板中层色彩标签左侧的小三角形按钮▶展开"变换"属性，通过再次单击"变换"左侧的小三角形按钮▶展开其各个"变换"属性的具体参数，如图 2-68 所示。

图 2-68

1. "定位点"属性

无论一个层的面积多大，当其移动、旋转和缩放时，都是依据一个点来操作的，这个点就是定位点。

选择需要的层，按 A 键，展开"定位点"属性，如图 2-69 所示。以定位点为基准，如图 2-70 所示；旋转后的效果如图 2-71 所示，缩放后的效果如图 2-72 所示。

图 2-69

图 2-70   图 2-71   图 2-72

2. "位置"属性

选择需要的层，按 P 键，展开"位置"属性，如图 2-73 所示。以定位点为基准，如图 2-74 所示；在层的"位置"属性右侧的数字上按住鼠标左键并向左拖曳鼠标指针（或单击后输入需要的数值），如图 2-75 所示。松开鼠标左键，效果如图 2-76 所示。

图 2-73

图 2-74   图 2-75   图 2-76

普通二维层的"位置"属性由 x 轴方向和 y 轴方向 2 个参数组成，如果是三维层则由 x 轴方向、

y 轴方向和 z 轴方向 3 个参数组成。

> **提示**：在制作位置动画时，为了保证移动时的方向性，可以选择"图层 > 变换 > 自动定向"命令，弹出"自动定向"对话框，选中"沿路径方向设置"单选按钮。

3. "缩放"属性

选择需要的层，按 S 键，展开"缩放"属性，如图 2-77 所示。以定位点为基准，如图 2-78 所示；在层的"缩放"属性右侧的数字上按住鼠标左键并向右拖曳鼠标指针（或单击后输入需要的数值），如图 2-79 所示。松开鼠标左键，效果如图 2-80 所示。

图 2-77

图 2-78

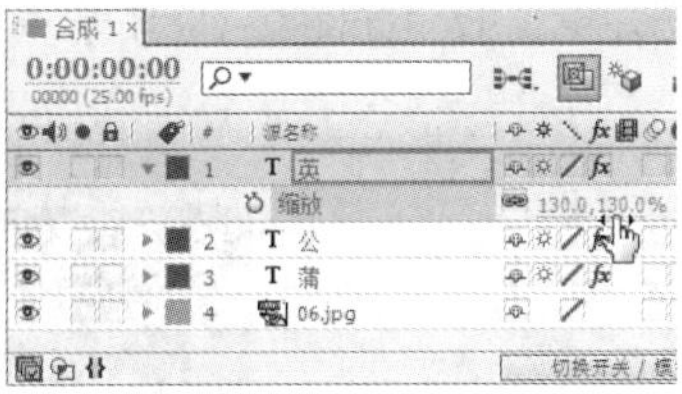

图 2-79

图 2-80

普通二维层的"缩放"属性由 x 轴方向和 y 轴方向 2 个参数组成，如果是三维层则由 x 轴方向、y 轴方向和 z 轴方向 3 个参数组成。

4. "旋转"属性

选择需要的层，按 R 键，展开"旋转"属性，如图 2-81 所示。以定位点为基准，如图 2-82 所示；在层的"旋转"属性右侧的数字上按住鼠标左键并向右拖曳鼠标指针（或单击后输入需要的数值），如图 2-83 所示。松开鼠标左键，效果如图 2-84 所示。普通二维层的"旋转"属性由圈数和度数两个参数组成，例如"1×+180°"。

图 2-81

图 2-82

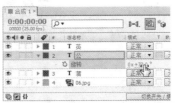

图 2-83

图 2-84

如果是三维层，"旋转"属性的参数将增加为 4 个："方向"选项可以用来设定 x、y、z 3 个轴向的角度，"X 轴旋转"选项仅用来调整 x 轴向的"旋转"属性，"Y 轴旋转"选项仅用来调整 y 轴向的"旋转"属性，"Z 轴旋转"选项仅用来调整 z 轴向的"旋转"属性，如图 2-85 所示。

图 2-85

5. "透明度"属性

选择需要的层，按 T 键，展开"透明度"属性，如图 2-86 所示。以定位点为基准，如图 2-87 所示；在层的"透明度"属性右侧的数字上按住鼠标左键并向右拖曳鼠标指针（或单击后输入需要的数值），如图 2-88 所示。松开鼠标左键，效果如图 2-89 所示。

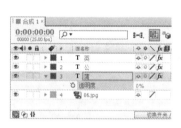

图 2-86

图 2-87

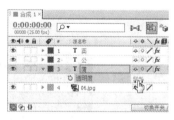

图 2-88

图 2-89

提示： 可以通过在按住 Shift 键的同时按下用于显示各属性的快捷键的方法，达到自定义所显示的属性组合的目的。例如，如果只想显示层的"位置"和"透明度"属性，则可以在选择需要的层之后按 P 键，然后在按住 Shift 键的同时按 T 键即可完成操作，如图 2-90 所示。

图 2-90

2.3.3　制作"位置"动画

选择"文件 > 打开项目"命令，或按 Ctrl+O 组合键，弹出"打开"对话框，选择云盘中的"基础素材\Ch02\空中热气球\空中热气球.aep"文件，如图 2-91 所示，单击"打开"按钮即可打开此文件，如图 2-92 所示。

图 2-91

图 2-92

在"时间线"面板中选中"02.png"层，按 P 键，展开"位置"属性，确定当前时间标签处于 0s 的位置，调整"位置"属性的数值分别为 652.0 和 102.0，如图 2-93 所示；或选择"选择"工具，在"合成"预览窗口中将"热气球"图形移动到画面的右上方，如图 2-94 所示。单击"位置"属性名称左侧的"关键帧自动记录器"按钮，开始自动记录"位置"属性的关键帧信息。

图 2-93

图 2-94

> 提示：按 Alt+Shift+P 组合键也可以完成上述操作，使用此快捷键可以完成在任意地方添加或删除"位置"属性的关键帧的操作。

移动时间标签到 14s24 帧的位置，调整"位置"属性的数值分别为 76.0 和 102.0，或选择"选择"工具  ，在"合成"预览窗口中将"热气球"图形移动到画面的左上方；在"时间线"面板中，当前时间的"位置"属性将自动添加一个关键帧，如图 2-95 所示。在"合成"预览窗口中将显示动画路径，如图 2-96 所示。按 0 键，进行动画内存预览。

图 2-95　　　　　　　　　　　　　　图 2-96

1. 手动方式调整"位置"属性

◎ 选择"选择"工具 ，直接在"合成"预览窗口中拖曳层。

◎ 在"合成"预览窗口中拖曳层时，按住 Shift 键，将在水平或垂直方向移动层。

◎ 在"合成"预览窗口中拖曳层时，按住 Alt+Shift 组合键，将使层的边缘逼近合成图像的边缘。

◎ 移动 1 个像素点可以通过按上、下、左、右 4 个方向键来实现；移动 10 个像素点可以通过在按住 Shift 键的同时按上、下、左、右 4 个方向键来实现。

2. 数字方式调整"位置"属性

◎ 当光标呈 形状时，通过在数值上按住鼠标左键并向左或向右拖曳鼠标指针可以修改数值。

◎ 单击数值将会出现输入框，可以在其中输入具体数值。输入框也支持加减法运算，例如，输入"6+20"，即可在原来的数值上加上 20，如图 2-97 所示；如果是减法，则输入"76-20"。

◎ 在属性标题或数值上右击，在弹出的菜单中选择"编辑数值"命令，或在选择层后按 Ctrl+Shift+P 组合键，弹出"位置"对话框，如图 2-98 所示。在该对话框中不仅可以调整具体的数值，还可以选择所依据的单位，包括像素、英寸、毫米、%（源百分比）、%（合成百分比）。

图 2-97　　　　　　　　　　　　　　图 2-98

2.3.4　制作"缩放"动画

在"时间线"面板中选中"02.png"层，在按住 Shift 键的同时按 S 键，展开"缩放"属性，如图 2-99 所示。

图 2-99

将时间标签放在 0s 的位置，在"时间线"面板中，单击"缩放"属性名称左侧的"关键帧自动记录器"按钮 ⍉，开始记录"缩放"属性的关键帧信息，如图 2-100 所示。

> **提示**：按 Alt+Shift+S 组合键也可以完成上述操作，使用此快捷键还可以完成在任意地方添加或删除"缩放"属性的关键帧的操作。

图 2-100

移动时间标签到 14s24 帧的位置，将"缩放"属性的数值调整为 60.0，60.0%，或者选择"选择"工具 ▶，在"合成"预览窗口中拖曳层边框上的控制点进行缩放操作，如果同时按住 Shift 键，则可以实现等比例缩放，还可以观察"信息"面板和"时间线"面板中的"缩放"属性以了解表示具体缩放程度的数值，如图 2-101 所示。在"时间线"面板中，当前时间的"缩放"属性会自动添加一个关键帧，如图 2-102 所示。按 0 键，进行动画内存预览。

图 2-101   图 2-102

1. 手动方式调整"缩放"属性

◎ 选择"选择"工具 ▶，直接在"合成"预览窗口中拖曳层边框上的控制点进行缩放操作，如果同时按住 Shift 键，则可以实现等比例缩放。

◎ 可以通过在按住 Alt 键的同时按 +（加号）键来实现以 1% 递增缩放，也可以通过在按住 Alt 键的同时按 –（减号）键来实现以 1% 递减缩放。如果要以 10% 递增或者递减缩放，则只需要在按下上述快捷键的同时再按下 Shift 键即可，例如 Shift+Alt+ – 组合键。

2. 数字方式调整"缩放"属性

◎ 当光标呈 ﬞ 形状时，通过在数值上按住鼠标左键并向左或向右拖曳鼠标指针可以修改数值。

◎ 单击数值将会出现输入框，可以在其中输入具体数值。输入框也支持加减法运算，例如，输入 "+3"，即可在原来的数值上加上 3%；如果是减法，则输入 "60–3"，如图 2-103 所示。

◎ 在属性标题或数值上右击，在弹出的菜单中选择"编辑数值"命令，在弹出的"缩放比例"

对话框中进行设置，如图 2-104 所示。

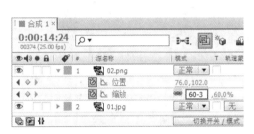

图 2-103   图 2-104

提示：如果缩放值变为负值，将实现图像翻转效果。

2.3.5　制作"旋转"动画

在"时间线"面板中选择"02.png"层，在按住 Shift 键的同时按 R 键，展开"旋转"属性，如图 2-105 所示。

图 2-105

将时间标签放置在 0s 的位置，单击"旋转"属性名称左侧的"关键帧自动记录器"按钮 ⌀，开始记录"旋转"属性的关键帧信息。

提示：按 Alt+Shift+R 组合键也可以完成上述操作，使用此快捷键还可以完成在任意地方添加或删除"旋转"属性的关键帧的操作。

移动时间标签到 14s24 帧的位置，调整"旋转"属性的数值为"0×+180°"，表示旋转半圈，如图 2-106 所示；或者选择"旋转"工具 ⌀，在"合成"预览窗口中沿顺时针方向旋转图层，同时可以观察"信息"面板和"时间线"面板中的"旋转"属性以了解具体的旋转圈数和度数，旋转后的效果如图 2-107 所示。按 0 键，进行动画内存预览。

图 2-106   图 2-107

1. 手动方式调整"旋转"属性

◎ 选择"旋转"工具 ，在"合成"预览窗口中沿顺时针方向或者逆时针方向旋转图层，如果同时按住 Shift 键，将以 45° 为一次旋转的角度。

◎ 可以通过按数字键盘上的+（加号）键来以 1° 且沿顺时针方向旋转层，也可以通过按数字键盘上的 −（减号）键来以 1° 且沿逆时针方向旋转层；如果要以 10° 旋转层，则只需要在按下上述快捷键的同时再按下 Shift 键即可，例如 Shift+ − 组合键。

2. 数字方式调整"旋转"属性

◎ 当光标呈 形状时，通过在数值上按住鼠标右键并向左或向右拖曳鼠标指针可以修改数值。

◎ 单击数值将会出现输入框，可以在其中输入具体数值。输入框也支持加减法运算，例如，输入"+2"，即可在原来的数值上加上 2° 或 2 圈（取决于在度数输入框还是圈数输入框中输入）；如果是减法，则输入"45−10"。

◎ 在属性标题或数值上右击，在弹出的菜单中选择"编辑数值"命令，或在选择层后按 Ctrl+Shift+R 组合键，在弹出的"旋转"对话框中调整具体的数值，如图 2−108 所示。

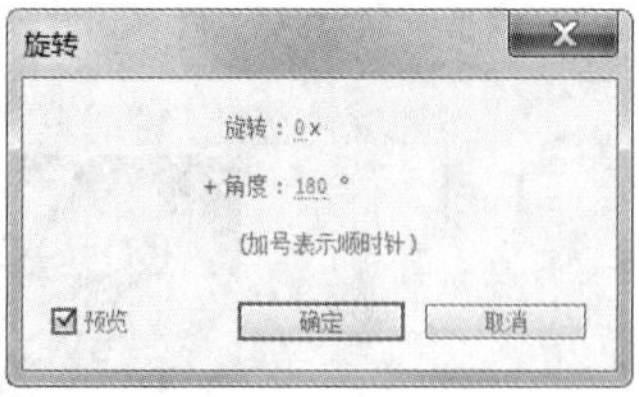

图 2-108

2.3.6 调整"定位点"

在"时间线"面板中选择"02.png"层，在按住 Shift 键的同时按 A 键，展开"定位点"属性，如图 2−109 所示。

图 2-109

改变"定位点"属性的第 1 个数值为 0，或者选择"定位点"工具 ，在"合成"预览窗口中单击并移动定位点，同时观察"信息"面板和"时间线"面板中的"定位点"属性以了解具体位置的数值，如图 2−110 所示。按 0 键，进行动画内存预览。

图 2-110

提示："定位点"的坐标是相对于层而言的，而不是相对于合成图像而言的。

1. 手动方式调整"定位点"

◎ 选择"定位点"工具▣，在"合成"预览窗口中单击并移动轴心点。

◎ 在"时间线"面板中双击层，将层的"图层"预览窗口打开，选择"选择"工具▶或者"定位点"工具▣，在窗口中移动轴心点，如图 2-111 所示。

2. 数字方式调整"定位点"

◎ 当光标呈▧形状时，在数值上按住鼠标左键并向左或向右拖曳鼠标指针可以修改数值。

◎ 单击数值将会出现输入框，可以在其中输入具体数值。输入框也支持加减法运算，例如，输入"+30"，即可在原来的数值上加上 30；如果是减法，则输入"63.5-30"。

◎ 在属性标题或数值上右击，在弹出的菜单中选择"编辑数值"命令，在弹出的"定位点"对话框中调整具体的数值，如图 2-112 所示。

图 2-111

图 2-112

2.3.7 制作"透明度"动画

在"时间线"面板中选择"02.png"层，在按住 Shift 键的同时按 T 键，展开"透明度"属性，如图 2-113 所示。

图 2-113

将时间标签放置在 0s 的位置，将"透明度"属性的数值调整为 100%，使层完全不透明。单击"透明度"属性名称左侧的"关键帧自动记录器"按钮◷，开始记录"透明度"属性的关键帧信息。

提示：按 Alt+Shift+T 组合键也可以完成上述操作，使用此快捷键还可以完成在任意地方添加或删除"透明度"属性的关键帧的操作。

移动时间标签到 14s24 帧的位置，调整"透明度"属性的数值为 0%，使层完全透明，注意观察"时间线"面板，当前时间的"透明度"属性会自动添加一个关键帧，如图 2-114 所示。按 0 键，进行动画内存预览。

图 2-114

数字方式调整"透明度"属性

◎ 当光标呈 ✋ 形状时，通过在数值上按住鼠标右键并向左或向右拖曳鼠标指针可以修改数值。

◎ 单击数值将会出现输入框，可以在其中输入具体数值。输入框也支持加减法运算，例如，输入"+20"，就是在原来的数值上加上 20%；如果是减法，则输入"100-20"。

◎ 在属性标题或数值上右击，在弹出的菜单中选择"编辑数值"命令，或在选择层后按 Ctrl+Shift+O 组合键，在弹出的"透明度"对话框中调整具体的数值，如图 2-115 所示。

图 2-115

2.4 课堂练习——运动的线条

☆ 练习知识要点

使用"粒子运动"命令、"变换"命令、"快速模糊"命令制作线条效果；使用"缩放"属性制作缩放效果。运动的线条效果如图 2-116 所示。

⊕ **效果所在位置** 云盘\Ch02\运动的线条\运动的线条.aep。

扫码观看
本案例视频

图 2-116

2.5 课后习题——闪烁的星星

习题知识要点

使用"导入"命令导入素材；使用"缩放"和"位置"属性制作星星和月亮效果。闪烁的星星效果如图 2-117 所示。

效果所在位置　云盘\Ch02\闪烁的星星\闪烁的星星. aep。

图 2-117

扫码观看
本案例视频

第3章
制作遮罩动画

本章主要介绍了遮罩的功能，包括使用遮罩设计图形、调整遮罩图形形状、遮罩的变换、如何应用多个遮罩、编辑遮罩的多种方式等方面的内容。通过对本章的学习，读者可以掌握遮罩的使用方法和应用技巧，并通过遮罩制作出绚丽的视频效果。

课堂学习目标

- ✔ 初步了解遮罩
- ✔ 掌握设置遮罩的方法
- ✔ 掌握遮罩的基本操作

3.1 初步了解遮罩

遮罩其实就是一个由封闭的贝塞尔曲线所构成的路径轮廓，轮廓之内或之外的区域就是抠像的依据，如图 3-1 所示。

图 3-1

提示：虽然遮罩是由路径组成的，但是千万不要误认为路径只是用来创建遮罩的，它还可以用在添加勾边特效、沿路径制作动画特效等方面。

3.2 设置遮罩

通过设置遮罩，可以将两个以上的图层合成并制作出一个新的画面。可以在"合成"预览窗口中调整遮罩，也可以在"时间线"面板中调整遮罩。

3.2.1 课堂案例——粒子文字

◎ 案例学习目标   学习使用"Particular"命令制作粒子；学习制作和调整遮罩形状。

☐☆ 案例知识要点

建立新的合成并命名；使用"横排文字"工具输入并编辑文字；使用"卡通"命令制作背景效果；将多个合成拖曳到"时间线"面板中，编辑形状蒙版。粒子文字效果如图 3-2 所示。

⊕ 效果所在位置   云盘\Ch03\粒子文字\粒子文字.aep。

扫码观看
本案例视频

扫码查看
扩展案例

图 3-2

1. 输入文字并制作粒子

（1）按 Ctrl+N 组合键，弹出"图像合成设置"对话框，在"合成组名称"文本框中输入"文字"，其他选项的设置如图 3-3 所示，单击"确定"按钮即可创建一个新的合成"文字"。

（2）选择"横排文字"工具 T，在"合成"预览窗口中输入英文"COLD CENTURY"；选中英文，在"文字"面板中设置"填充色"为白色，其他参数的设置如图 3-4 所示。"合成"预览窗口中的效果如图 3-5 所示。

（3）再创建一个新的合成并将其命名为"粒子文字"，如图 3-6 所示。选择"文件 > 导入 > 文件"命令，弹出"导入文件"对话框，选择云盘中的"Ch03\粒子文字\ (Footage) \01.jpg"文件，单击"打开"按钮即可导入"01.jpg"文件，将该文件拖曳到"时间线"面板中，如图 3-7 所示。

图 3-3

图 3-4

图 3-5

图 3-6

图 3-7

（4）选中"01.jpg"层，选择"效果 > 风格化 > 卡通"命令，在"特效控制台"面板中设置参数，如图 3-8 所示。"合成"预览窗口中的效果如图 3-9 所示。

图 3-8

图 3-9

（5）在"项目"面板中选中"文字"合成，并将其拖曳到"时间线"面板中，单击"文字"层左侧的"眼睛"按钮 👁，关闭该层的可视性，如图 3-10 所示。单击"文字"层右侧的"3D 图层"按钮 📦，打开三维属性，如图 3-11 所示。

（6）在当前合成中新建一个黑色固态层"粒子 1"。选中"粒子 1"层，选择"效果 > Trapcode > Particular"命令，展开"Emitter"属性，在"特效控制台"面板中设置参数，如图 3-12 所示；展开"Particle"属性，在"特效控制台"面板中设置参数，如图 3-13 所示。

图 3-10

图 3-11

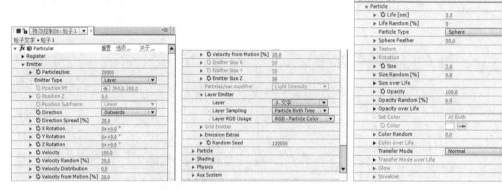

图 3-12　　　　　　　　　　　　　　　　　　图 3-13

（7）展开"Physics"选项下的"Air"属性，在"特效控制台"面板中设置参数，如图 3-14 所示。展开"Turbulence Field"属性，在"特效控制台"面板中设置参数，如图 3-15 所示。

（8）展开"Rendering"选项下的"Motion Blur"属性，单击"Motion Blur"右边的下拉按钮，在弹出的下拉列表中选择"On"，如图 3-16 所示。设置完毕后，"时间线"面板中将自动添加一个灯光层，如图 3-17 所示。

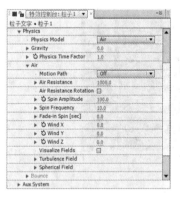

图 3-14

图 3-15

图 3-16

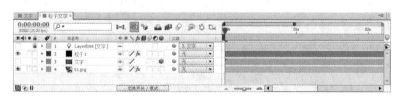

图 3-17

（9）选中"粒子 1"层，在"时间线"面板中，将时间标签放置在 0s 的位置。在"时间线"面板中分别单击"Emitter"下的"Particles/sec"，"Air"下的"Spin Amplitude"，以及"Turbulence Field"下的"Affect Size"和"Affect Position"选项左侧的"关键帧自动记录器"按钮 ，如图 3-18 所示，记录第 1 个关键帧。

（10）在"时间线"面板中，将时间标签放置在 1s 的位置。在"时间线"面板中设置"Particles/sec"选项的数值为 0，"Spin Amplitude"选项的数值为 50.0，"Affect Size"选项的数值为 20.0，"Affect Position"选项的数值为 500.0，如图 3-19 所示，记录第 2 个关键帧。

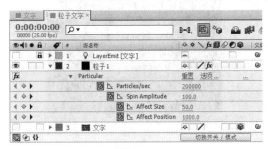

图 3-18　　　　　　　　　　　　　　　　　　　图 3-19

（11）在"时间线"面板中，将时间标签放置在 3s 的位置。在"时间线"面板中设置"Particles/sec"选项的数值为 0，"Spin Amplitude"选项的数值为 30.0，"Affect Size"选项的数值为 5.0，"Affect Position"选项的数值为 5.0，如图 3-20 所示，记录第 3 个关键帧。

图 3-20

2. 制作形状遮罩

（1）在"项目"面板中，选中"文字"合成并将其拖曳到"时间线"面板中，将时间标签放置在 2s 的位置，按 [键设置动画的入点，如图 3-21 所示。在"时间线"面板中选中第 1 个"文字"层，选择"矩形遮罩"工具 ，在"合成"预览窗口中拖曳鼠标指针绘制一个矩形遮罩，如图 3-22 所示。

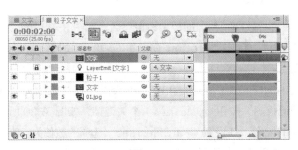

图 3-21　　　　　　　　　　　　　　　　　　　图 3-22

（2）选中第 1 个"文字"层，按两次 M 键展开"遮罩"属性。单击"遮罩形状"选项左侧的"关键帧自动记录器"按钮 ◎，如图 3-23 所示，记录第 1 个关键帧。将时间标签放置在 4s 的位置，选择"选择"工具 ▶，在"合成"预览窗口中同时选中"遮罩形状"右边的两个控制点，将控制点向右拖曳到图 3-24 所示的位置，即可记录第 2 个关键帧。

图 3-23   图 3-24

（3）在当前合成中新建一个黑色固态层"粒子 2"。选中"粒子 2"层，选择"效果 > Trapcode > Particular"命令，展开"Emitter"属性，在"特效控制台"面板中设置参数，如图 3-25 所示；展开"Particle"属性，在"特效控制台"面板中设置参数，如图 3-26 所示。

（4）展开"Physics"属性，设置"Gravity"选项的数值为-100.0；展开"Air"属性，在"特效控制台"面板中设置参数，如图 3-27 所示。

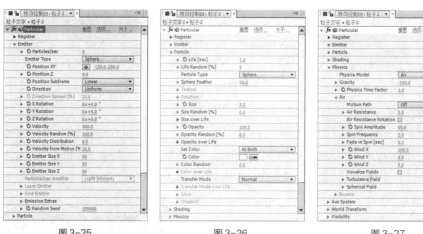

图 3-25   图 3-26   图 3-27

（5）展开"Turbulence Field"属性，在"特效控制台"面板中设置参数，如图 3-28 所示。展开"Rendering"选项下的"Motion Blur"属性，单击"Motion Blur"右边的下拉按钮，在弹出的下拉列表中选择"On"，如图 3-29 所示。

（6）在"时间线"面板中，将时间标签放置在 0s 的位置，再分别单击"Emitter"下的"Particles/sec"和"Position XY"选项左侧的"关键帧自动记录器"按钮 ◎，记录第 1 个关键帧，如图 3-30 所示。在"时间线"面板中，将时间标签放置在 2s 的位置，并设置"Particles/sec"选项的数值为 5000，"Position XY"选项的数值为 120.0，280.0，如图 3-31 所示，记录第 2 个关键帧。

图 3-28

图 3-29

图 3-30

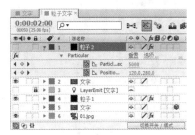

图 3-31

（7）在"时间线"面板中，将时间标签放置在 3s 的位置，并设置"Particles/sec"选项的数值为 0，"Position XY"选项的数值为 600.0，280.0，如图 3-32 所示，记录第 3 个关键帧。

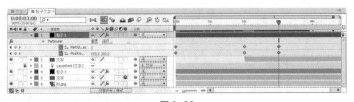

图 3-32

（8）粒子文字效果制作完成，如图 3-33 所示。

图 3-33

3.2.2　使用遮罩设计图形

（1）在"项目"面板中右击，在弹出的菜单中选择"新建合成组"命令，弹出"图像合成设置"对话框；在"合成组名称"文本框中输入"遮罩"，其他选项的设置如图 3-34 所示。设置完成后，单击"确定"按钮。

（2）在"项目"面板中双击，在弹出的"导入文件"对话框中选择云盘中的"基础素材\Ch03\02.jpg ~ 05.jpg"文件，单击"打开"按钮，即可将文件导入"项目"面板中，如图 3-35 所示。

图 3-34

图 3-35

（3）在"时间线"面板中，单击图层 1 和图层 2 左侧的"眼睛"按钮，关闭这两层的可视性，如图 3-36 所示。选中图层 3，选择"椭圆形遮罩"工具，在"合成"预览窗口中拖曳鼠标指针绘制一个椭圆形遮罩，效果如图 3-37 所示。

图 3-36

图 3-37

（4）选中图层 2 并单击此层左侧的方框，即可显示该层，如图 3-38 所示。选择"星形"工具，在"合成"预览窗口中拖曳鼠标指针绘制星形遮罩，效果如图 3-39 所示。

（5）选中图层 1 并单击此层左侧的方框，即可显示该层，如图 3-40 所示。选择"钢笔"工具，在"合成"预览窗口中进行绘制，效果如图 3-41 所示。

图 3-38

图 3-39

图 3-40

图 3-41

3.2.3 调整遮罩图形的形状

选择"钢笔"工具，在"合成"预览窗口中绘制遮罩图形，如图 3-42 所示。选择"顶点转换"工具，单击一个节点，则该节点处的线段转换为折角；在该节点处拖曳鼠标指针可以得到调节手柄，拖曳调节手柄可以调整线段的弧度，如图 3-43 所示。

图 3-42

图 3-43

使用"顶点添加"工具 ![] 和"顶点清除"工具 ![] 添加或删除节点。选择"顶点添加"工具 ![]，在需要添加节点的线段处单击，则该线段会增加一个节点，如图 3-44 所示；选择"顶点清除"工具 ![]，单击任意节点，则该节点被删除，如图 3-45 所示。

<table>
<tr><td>图 3-44</td><td>图 3-45</td></tr>
</table>

3.2.4　遮罩的变换

在遮罩的边线上双击，会出现一个遮罩控制框，将鼠标指针移动到控制框的右上角，将出现旋转光标 ↰，此时拖曳鼠标可以对整个遮罩图形进行旋转，如图 3-46 所示；将鼠标指针移动到边线中心点所在的位置，出现双向箭头 ↕ 时拖曳鼠标，即可调整该边线的位置，如图 3-47 所示。

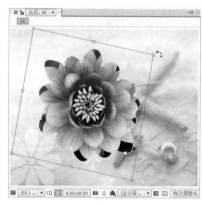

<table>
<tr><td>图 3-46</td><td>图 3-47</td></tr>
</table>

3.2.5　应用多个遮罩

（1）在"项目"面板中双击，在弹出的"导入文件"对话框中选择云盘中的"基础素材\Ch03\08.jpg ~ 10.jpg"文件，单击"打开"按钮即可将文件导入"项目"面板中，然后再将其拖曳至"时间线"面板中，如图 3-48 所示。

（2）在"时间线"面板中将图层 1 隐藏。选中图层 2，选择"钢笔"工具 ![]，在"合成"预览窗口中绘制遮罩图形，并利用键盘上的方向键微调遮罩的位置，如图 3-49 所示。

图 3-48

（3）在"合成"预览窗口中右击，在弹出的菜单中选择"遮罩 > 遮罩羽化"命令，弹出"遮罩羽化"对话框，将"水平方向"和"垂直方向"的数值均设为 50，如图 3-50 所示。单击"确定"按钮即可完成羽化设置，效果如图 3-51 所示。

图 3-49   图 3-50   图 3-51

（4）在遮罩的边线上双击，出现遮罩控制框，在控制框上右击，在弹出的菜单中选择"遮罩 > 模式 > 无"命令，即可隐藏遮罩，效果如图 3-52 所示。

（5）选中图层 1，选择"椭圆形遮罩"工具，在"合成"预览窗口中绘制一个椭圆形遮罩，如图 3-53 所示。双击遮罩的边线，出现遮罩控制框，在控制框上右击，在弹出的菜单中选择"遮罩 > 遮罩羽化"命令，弹出"遮罩羽化"对话框，将"水平方向"和"垂直方向"的数值均设为 100，如图 3-54 所示。单击"确定"按钮即可完成羽化设置，效果如图 3-55 所示。

（6）选择"选择"工具，双击心形遮罩的边线，出现遮罩控制框，在控制框上右击，在弹出的菜单中选择"遮罩 > 模式 > 添加"命令，即可显示遮罩，效果如图 3-56 所示。

图 3-52　　　　　　　　　　图 3-53　　　　　　　　　　图 3-54

图 3-55　　　　　　　　　　图 3-56

（7）在"时间线"面板中，将时间标签放置在 0s 的位置，选择图层 1，按 T 键展开"透明度"属性，设置"透明度"选项的数值为 0%，并单击该选项左侧的"关键帧自动记录器"按钮，记录第 1 个关键帧，如图 3-57 所示。将时间标签拖曳到出点所在的位置，设置"透明度"选项的数值为 100%，如图 3-58 所示，记录第 2 个关键帧。

图 3-57　　　　　　　　　　　　　　　　　　图 3-58

（8）动画制作完成后，按 0 键开始预览动画效果，部分效果如图 3-59 和图 3-60 所示。

图 3-59

图 3-60

3.3 遮罩的基本操作

在 After Effects CS6 中，可以使用多种方式来编辑遮罩，还可以在"时间线"面板中修改遮罩的属性，用遮罩来制作动画。下面对遮罩的基本操作进行详细讲解。

3.3.1 课堂案例——粒子破碎效果

◎ 案例学习目标　　学习使用遮罩。

✿ 案例知识要点

使用"渐变"命令制作渐变效果；使用"矩形遮罩"工具制作遮罩效果；使用"碎片"命令制作粒子破碎效果。粒子破碎效果如图 3-61 所示。

⊕ 效果所在位置　　云盘\Ch03\粒子破碎效果\粒子破碎效果.aep。

扫码观看
本案例视频

扫码观看
本案例视频

扫码查看
扩展案例

图 3-61

添加图形遮罩

（1）按 Ctrl+N 组合键，弹出"图像合成设置"对话框，在"合成组名称"文本框中输入"渐变条"，其他选项的设置如图 3-62 所示，单击"确定"按钮，即可创建一个新的合成"渐变条"。选择"图层 > 新建 > 固态层"命令，弹出"固态层设置"对话框，在"名称"文本框中输入"渐变条"，将"颜色"设置为黑色，单击"确定"按钮，即可在"时间线"面板中新增一个黑色固态层，如图 3-63 所示。

（2）选中"渐变条"层，选择"效果 > 生成 > 渐变"命令，在"特效控制台"面板中，设置"开始色"为黑色，"结束色"为白色，其他参数的设置如图 3-64 所示。设置完成后，"合成"预览窗口中的效果如图 3-65 所示。选择"矩形遮罩"工具，在"合成"预览窗口中拖曳鼠标指针绘制一个矩形遮罩，效果如图 3-66 所示。

图 3-62

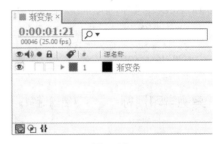
图 3-63

图 3-64　　　　　　　　　　　图 3-65　　　　　　　　　　　图 3-66

（3）按 Ctrl+N 组合键，弹出"图像合成设置"对话框，在"合成组名称"文本框中输入"噪波"，单击"确定"按钮，即可创建一个新的合成"噪波"。选择"图层 > 新建 > 固态层"命令，弹出"固态层设置"对话框，在"名称"文本框中输入"噪波"，将"颜色"设置为黑色，单击"确定"按钮，即可在"时间线"面板中新增一个黑色固态层。选中"噪波"层，选择"效果 > 杂波与颗粒 > 杂波"命令，在"特效控制台"面板中设置参数，如图 3-67 所示。"合成"预览窗口中的效果如图 3-68 所示。

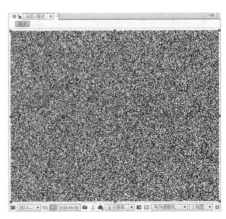

图 3-67　　　　　　　　　　　　　　　　　图 3-68

（4）按 Ctrl+N 组合键，弹出"图像合成设置"对话框，在"合成组名称"文本框中输入"图片"，单击"确定"按钮，即可创建一个新的合成"图片"。选择"文件 > 导入 > 文件"命令，在弹出的"导入文件"对话框中选择云盘中的"素材文件\Ch03\粒子破碎效果\(Footage)\01.jpg"文件，如图 3-69 所示；单击"打开"按钮即可导入文件，然后再将其拖曳到"时间线"面板中，如图 3-70 所示。

图 3-69

图 3-70

（5）按 Ctrl+N 组合键，弹出"图像合成设置"对话框，在"合成组名称"文本框中输入"最终效果"，单击"确定"按钮，即可创建一个新的合成"最终效果"。在"项目"面板中，选中"渐变条""噪波""图片"合成并将其拖曳到"时间线"面板中，层的排列如图 3-71 所示。单击"渐变条"和"噪波"层左侧的"眼睛"按钮 ，关闭"渐变条"和"噪波"这两层的可视性，如图 3-72 所示。

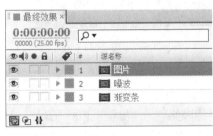

图 3-71

图 3-72

（6）选中"图片"层，选择"效果 > 模拟仿真 > 碎片"命令，在"特效控制台"面板中，将"查看"改为"渲染"模式，展开"外形""焦点 1"属性，并进行参数设置，如图 3-73 所示。"合成"预览窗口中的效果如图 3-74 所示。

（7）展开"倾斜""物理""摄像机位置"属性，在"特效控制台"面板中进行参数设置，如图 3-75 所示。"合成"预览窗口中的效果如图 3-76 所示。

图 3-73

图 3-74

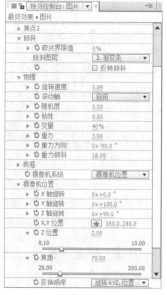

图 3-75

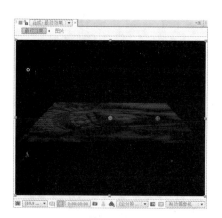

图 3-76

（8）选中"图片"层，在"时间线"面板中将时间标签放置在 0s 的位置，如图 3-77 所示。在"特效控制台"面板中，分别单击"倾斜"下的"碎片界限值"，"物理"下的"重力"，以及"摄像机位置"下的"X 轴旋转""Y 轴旋转""Z 轴旋转""焦距"选项左侧的"关键帧自动记录器"按钮 ，如图 3-78 所示，记录第 1 个关键帧。

（9）将时间标签放置在 3s10 帧的位置，如图 3-79 所示。在"特效控制台"面板中，设置"碎片界限值"选项的数值为 100%，"重力"选项的数值为 2.7，"X 轴旋转"选项的数值为 0x，-60.0°，"Y 轴旋转"选项的数值为 0x-45.0°，"Z 轴旋转"选项的数值为 0x+15.0°，"焦距"选项的数值为 100.00，如图 3-80 所示，记录第 2 个关键帧。

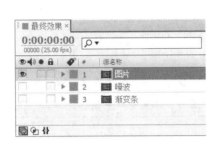

图 3-77

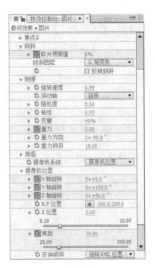

图 3-78

图 3-79

图 3-80

（10）将时间标签放置在 4s24 帧的位置，如图 3-81 所示。在"特效控制台"面板中，设置"重力"选项的数值为 100.00，如图 3-82 所示，记录第 3 个关键帧。粒子破碎效果制作完成，如图 3-83 所示。

图 3-81

图 3-82

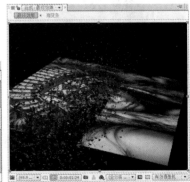

图 3-83

3.3.2 编辑遮罩的多种方式

"工具"面板中除了提供了用于创建遮罩的工具以外，还提供了多种用于编辑遮罩的工具。

"选择"工具 ▶：使用此工具可以在"合成"预览窗口或者"图层"预览窗口中选择和移动路径点或者整个路径。

"顶点添加"工具 ✎：使用此工具可以增加路径上的节点。

"顶点清除"工具 ✎：使用此工具可以减少路径上的节点。

"顶点转换"工具 ⎋：使用此工具可以改变路径的曲率。

"遮罩羽化"工具 ✐：使用此工具可以柔化遮罩的边缘。

> **提示**：由于在"合成"预览窗口中可以看到很多层，所以如果在其中编辑遮罩则很可能遇到干扰，不方便操作。建议双击目标图层，然后到"图层"预览窗口中编辑遮罩。

1. 点的选择和移动

选择"选择"工具 ▶，选中目标层，然后直接单击路径上的节点，可以通过拖曳鼠标或利用键盘上的方向键来实现移动；如果要取消选择，只需要在空白处单击即可。

2. 线的选择和移动

选择"选择"工具 ▶，选中目标层，然后直接单击路径上两个节点之间的线，可以通过拖曳鼠标或利用键盘上的方向键来实现移动；如果要取消选择，只需要在空白处单击即可。

3. 多个点或者多条线的选择、移动、旋转和缩放

选择"选择"工具 ▶，选中目标层，首先单击路径上的第 1 个点或第 1 条线，然后在按住 Shift 键的同时单击其他的点或者线，从而达到同时选择的目的。也可以通过拖曳来绘制出一个选区，用框选的方法进行多点、多线的选择，或者全部选择。

同时选中这些点或者线之后，在被选中的对象上双击将出现一个控制框。在这个控制框中，可以非常方便地进行移动、旋转或者缩放等操作，效果分别如图 3-84 ~ 图 3-86 所示。

图 3-84　　　　　　　　　　图 3-85　　　　　　　　　　图 3-86

全选路径的快捷方法如下。

◎ 可通过框选的方法全选路径，但是不会出现控制框，如图 3-87 所示。

◎ 按住 Alt 键的同时单击路径，即可全选路径，但是同样不会出现控制框。

◎ 在没有选择多个节点的情况下，在路径上双击，即可全选路径，并出现控制框。

◎ 在"时间线"面板中，选中包含遮罩的层，按 M 键展开"遮罩"属性，单击属性名称或遮罩名称即可全选路径，如图 3-88 所示。使用此方法也不会出现控制框。

图 3-87   图 3-88

> **提示**：将节点全部选中，选择"图层 > 遮罩与形状路径 > 自由变换点"命令，或按 Ctrl+T 组合键将出现控制框。

4. 调整多个遮罩之间的上下层关系

当层中包含多个遮罩时，遮罩之间就存在上下层的关系，此关系关联到非常重要的部分——遮罩混合模式的选择，因为 After Effects CS6 处理多个遮罩的先后次序是从上至下的，所以上下层的关系直接影响最终的混合效果。

在"时间线"面板中，直接选中某个遮罩，然后向上或向下拖曳即可改变次序，如图 3-89 所示。

图 3-89

在"合成"预览窗口或者"图层"预览窗口中，可以通过先选中一个遮罩，再选择以下命令来调整遮罩的次序。

◎ 选择"图层 > 排列 > 遮罩移到最前"命令，或按 Ctrl+Shift+] 组合键，将选中的遮罩放置到顶层。

◎ 选择"图层 > 排列 > 遮罩前移"命令，或按 Ctrl+] 组合键，将选中的遮罩往上移动一层。

◎ 选择"图层 > 排列 > 遮罩后移"命令，或按 Ctrl + [组合键，将选中的遮罩往下移动一层。

◎ 选择"图层 > 排列 > 遮罩移到最后"命令，或按 Ctrl+ Shift+ [组合键，将选中的遮罩放置到底层。

3.3.3 在"时间线"面板中调整遮罩的属性

遮罩不是一个简单的轮廓，在"时间线"面板中，可以对遮罩的其他属性进行详细设置。

单击层色彩标签左侧的小三角形按钮▶，展开层属性，如果层中包含遮罩，就可以看到"遮罩"选项，单击"遮罩"名称左侧的小三角形按钮▶，即可展开各个遮罩的名称；单击其中任意一个遮罩的颜色左侧的小三角形按钮▶，即可展开关于此遮罩的属性，如图 3-90 所示。

> 提示：选中某层，连续按两次 M 键，即可展开此层所有遮罩的所有属性。

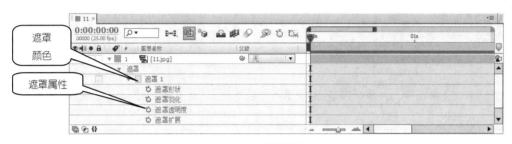

图 3-90

◎ 设置遮罩颜色：单击"遮罩颜色"按钮 ⬜，弹出"遮罩颜色"对话框，选择适合的颜色即可。

◎ 设置遮罩名称：选中某个遮罩，按 Enter 键即可出现输入框，修改完成后再次按 Enter 键即可。

◎ 选择遮罩混合模式：当本层包含多个遮罩时，可以选择各种混合模式。需要注意的是，多个遮罩之间的上下层关系对混合模式所产生的最终效果有很大的影响。After Effects CS6 是从上至下、逐一地处理各个遮罩的。

① 无：此模式下的路径将不起遮罩作用，仅仅作为路径存在，可作为勾边、光线动画或者路径动画的依据，效果如图 3-91 所示，相关设置如图 3-92 所示。

图 3-91

图 3-92

② 加：遮罩相加模式，即对当前遮罩区域与其上方的遮罩区域进行相加处理；对于遮罩重叠区域的不透明度，则采取在原不透明度的数值的基础上再加上一个百分比数的方式来计算。例如，某遮罩起作用前，遮罩重叠区域的不透明度为 50%，如果当前遮罩设置的不透明度是 50%，则运算后最终得出的遮罩重叠区域的不透明度是 70%，效果如图 3-93 所示，相关设置如图 3-94 所示。

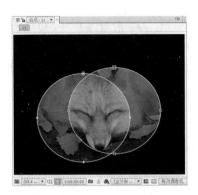

图 3-93　　　　　　　　　　　　　　　　图 3-94

③ 减：遮罩相减模式，即对当前遮罩区域与其上方的所有遮罩区域的组合进行相减处理，当前遮罩区域中的内容不显示。如果同时调整各个遮罩的不透明度，则不透明度的数值越大，遮罩重叠区域越透明，因为相减模式完全起作用；而不透明度的数值越小，遮罩重叠区域越不透明，因为相减模式的作用越来越弱，上下两个遮罩的不透明度都为 100% 的情况如图 3-95 所示，相关设置如图 3-96 所示。例如，某遮罩起作用前，遮罩重叠区域的不透明度为 80%，如当前遮罩设置的不透明度是 50%，则运算后最终得出的遮罩重叠区域的不透明度为 40%，效果如图 3-97 所示，相关设置如图 3-98 所示。

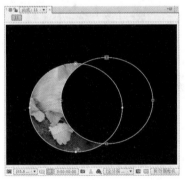

图 3-95　　　　　　　　　　　　　　　　图 3-96

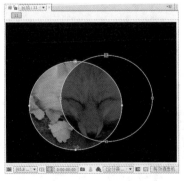

图 3-97　　　　　　　　　　　　　　　　图 3-98

④ 交叉：采取交集方式的遮罩混合模式，即只显示当前遮罩区域与其上方的所有遮罩区域的组合相交的部分的内容，相交区域的不透明度是通过在上面遮罩的透明度的基础上再加上一个百分比数得到

的，上下两个遮罩的不透明度都为 100%的情况如图 3-99 所示，相关设置如图 3-100 所示。例如，某遮罩起作用前，遮罩重叠区域的不透明度为 60%，如果当前遮罩设置的不透明度为 50%，则运算后最终得出的遮罩重叠区域的不透明度为 30%，效果如图 3-101 所示，相关设置如图 3-102 所示。

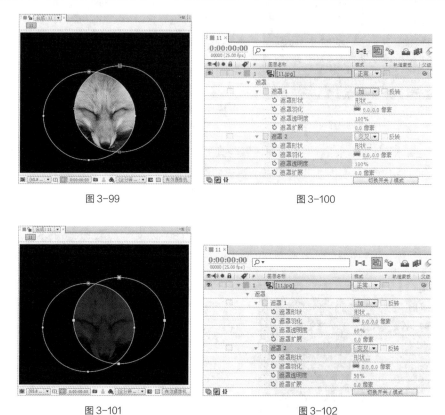

图 3-99　　　　　　　　　　　　　图 3-100

图 3-101　　　　　　　　　　　　　图 3-102

⑤ 变亮：对于可视区域来讲，此模式与"加"模式一样，但是遮罩重叠区域的不透明度则为较大的那个值。例如，某遮罩起作用前，遮罩重叠区域的不透明度为 60%，如果当前遮罩设置的不透明度为 80%，则运算后最终得出的遮罩重叠区域的不透明度为 80%，效果如图 3-103 所示，相关设置如图 3-104 所示。

图 3-103　　　　　　　　　　　　　图 3-104

⑥ 变暗：对于可视区域来讲，此模式与"减"模式一样，但是遮罩重叠区域的不透明度则为较

小的那个值。例如，某遮罩起作用前，遮罩重叠区域的不透明度是 40%，如果当前遮罩设置的不透明度为 100%，则运算后最终得出的遮罩重叠区域的不透明度为 40%，效果如图 3-105 所示，相关设置如图 3-106 所示。

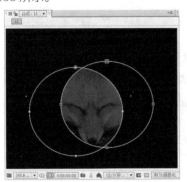

图 3-105

图 3-106

⑦ 差值：对于可视区域来讲，此模式采取的是并集减交集的方式，也就是说，先对当前遮罩区域与其上方的所有遮罩区域的组合进行并集运算，然后再用并集运算的结果减去当前遮罩区域与其上方的所有遮罩区域的组合相交的部分。关于不透明度，未相交部分采用当前遮罩的不透明度，相交部分则采用两者之间的差值，上下两个遮罩的不透明度都为 100% 的情况如图 3-107 所示，相关设置如图 3-108 所示。例如，某遮罩起作用前，遮罩重叠区域的不透明度为 40%，如果当前遮罩设置的不透明度为 60%，则运算后最终得出的遮罩重叠区域的不透明度为 20%，未重叠区域的不透明度为 60%，效果如图 3-109 所示，相关设置如图 3-110 所示。

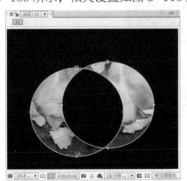

图 3-107

图 3-108

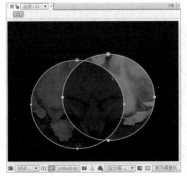

图 3-109

图 3-110

◎ 反转：对遮罩进行反向处理，未激活反转时的情况如图 3-111 所示，激活反转时的情况如图 3-112 所示。

图 3-111   图 3-112

◎ 遮罩的属性区：在此区域中可以设置遮罩的属性。

① 遮罩形状：设置遮罩形状。单击右侧的"形状"文字按钮，弹出"遮罩形状"对话框，也可通过选择"图层 > 遮罩 > 遮罩形状"命令来打开"遮罩形状"对话框。

② 遮罩羽化：控制遮罩的羽化程度。可以通过羽化遮罩得到更自然的融合效果，并且在 x 轴方向和 y 轴方向可以分别设置不同的羽化程度。单击左侧的 🔗 按钮，可以将两个轴向锁定或释放。羽化后的效果如图 3-113 所示。

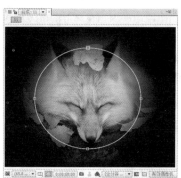

图 3-113

③ 遮罩透明度：调整遮罩的不透明度。不透明度为 100% 时的情况如图 3-114 所示，不透明度为 50% 时的情况如图 3-115 所示。

 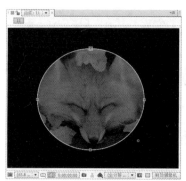

图 3-114   图 3-115

④ 遮罩扩展：调整遮罩的扩展程度，正值为扩展遮罩区域，负值为缩小遮罩区域。将"遮罩扩展"的数值设置为 100 时的情况如图 3-116 所示，将"遮罩扩展"的数值设置为-100 时的情况如图 3-117 所示。

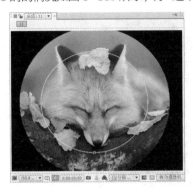
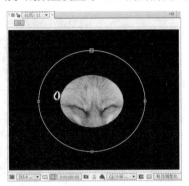

图 3-116   图 3-117

3.3.4　用遮罩制作动画

（1）在"时间线"面板中选择图层，选择"星形"工具 ⭐，在"合成"预览窗口中拖曳鼠标指针绘制一个星形遮罩，如图 3-118 所示。

（2）选择"顶点添加"工具 ✒️，在刚刚绘制的星形遮罩上添加 10 个节点，如图 3-119 所示。

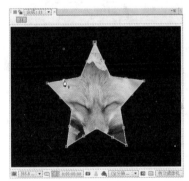

图 3-118   图 3-119

（3）选择"选择"工具 ▶，选中角点上的节点，如图 3-120 所示。选择"图层 > 遮罩与形状路径 > 自由变换点"命令，出现控制框，如图 3-121 所示。

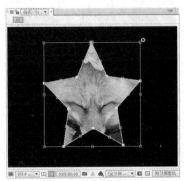

图 3-120   图 3-121

（4）按住 Ctrl+Shift 组合键的同时，拖曳右下角的控制点向右上方移动，得到如图 3-122 所示的效果。

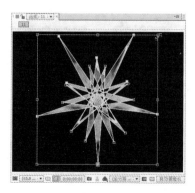

图 3-122

（5）调整完毕后，按 Enter 键。在"时间线"面板中，按两次 M 键，展开遮罩的所有属性，单击"遮罩形状"属性左侧的"关键帧自动记录器"按钮 ，记录第 1 个关键帧，如图 3-123 所示。

图 3-123

（6）将时间标签移动到 3s 的位置，选中内侧的节点，如图 3-124 所示。按 Ctrl+T 组合键，出现控制框；按住 Ctrl+Shift 组合键的同时，拖曳右下角的控制点向右上方移动，得到如图 3-125 所示的效果。

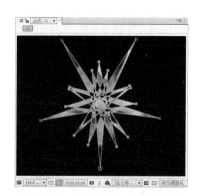

图 3-124

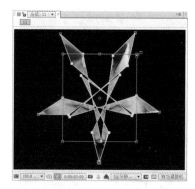

图 3-125

（7）调整完毕后，按 Enter 键。在"时间线"面板中，"遮罩形状"属性自动记录第 2 关键帧，如图 3-126 所示。

图 3-126

（8）选择"效果 > 生成 > 描边"命令，在"特效控制台"面板中进行设置，为遮罩路径添加描边特效，相关选项的设置如图 3-127 所示。

（9）选择"效果 > 风格化 > 辉光"命令，在"特效控制台"面板中进行设置，为遮罩路径添加发光特效，相关选项的设置如图 3-128 所示。

图 3-127

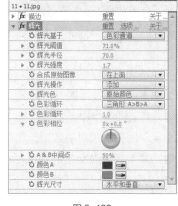

图 3-128

（10）按 0 键即可预览遮罩动画，按任意键即可结束预览。

（11）在"时间线"面板中单击"遮罩形状"属性名称，同时选中两个关键帧，如图 3-129 所示。

（12）选择"窗口 > 智能遮罩插值"命令，打开"遮罩插值"面板，如图 3-130 所示。

图 3-129

图 3-130

关键帧速率：决定每秒在两个关键帧之间生成多少个关键帧。

关键帧场（2 倍帧速率）：勾选此复选框，关键帧数目会增加为设置的"关键帧速率"的数值的 2 倍，这是因为关键帧是按场计算的。还有一种情况会在场中生成关键帧，那就是设置的"关键帧速率"的数值大于合成项目的关键帧速率。

使用线性描边顶点路径：勾选此复选框，路径会沿着直线运动，否则将沿曲线运动。

弯曲阻力：在节点变化的过程中，可以通过设定这个值来决定是采用拉伸的方式还是弯曲的方式来处理节点的变化。此值越大，则采用弯曲的方式的可能性就越小。

品质：设置质量。如果该值为 0，那么第 1 个关键帧的点必须对应第 2 个关键帧的那个点。例如，第 1 个关键帧的第 8 个点必须对应第 2 个关键帧的第 8 个点。如果该值为 100.0，那么第 1 个关键帧的点可以模糊地对应第 2 个关键帧的任何点。因此，该值越大，则得到的动画效果越平滑、越自然，但是计算的时间越长。

添加遮罩形状顶点：勾选此复选框，将在变化过程中自动增加遮罩的节点。第 1 个选项是数值设置，第 2 个选项是 After Effects CS6 提供的 3 种增加节点的方式。"顶点间的像素值"，决定每多少个像素增加一个节点，如果将左侧的数值设置为 18.0，则每 18 个像素增加一个节点。"总计顶点数"，决定节点的总数，如果将左侧的数值设置为 60.0，则由 60 个节点构成一个遮罩。"概要百分比"，设定以遮罩的周长的百分比距离放置节点，如果将左侧的数值设置为 5.0，则表示每隔遮罩的周长的 5% 放置一个节点，最后遮罩将由 20 个节点构成；如果设置 1，则最后遮罩将由 100 个节点构成。

相同方式：设置前一个关键帧的节点与后一个关键帧的节点之间的匹配方法。右侧的下拉列表中有 3 个选项："自动"，自动处理；"曲线"，当遮罩包含曲线时选用此选项；"多段线"，当遮罩不包含曲线时选用此选项。

使用 1:1 相同顶点：使用 1:1 的对应方式，如果前后两个关键帧里的遮罩的节点数目相同，此选项将强制节点绝对对应，即第 1 个节点对应第 1 个节点，第 2 个节点对应第 2 个节点；但是如果节点数目不同，则会出现一些无法预料的效果。

首个顶点一致：决定是否强制起始点对应。

（13）单击"应用"按钮即可应用设置。按 0 键，预览优化后的遮罩动画。

3.4 课堂练习——调色效果

☆ 练习知识要点

使用"粒子运动""变换""快速模糊"命令制作线条效果；使用"缩放"属性制作缩放效果。调色效果如图 3-131 所示。

⊕ 效果所在位置　云盘\Ch03\调色效果\调色效果.aep。

扫码观看
本案例视频

图 3-131

3.5 课后习题——动感相册

☆ 习题知识要点

使用"导入"命令导入素材；使用"矩形遮罩"工具和"椭圆形遮罩"工具制作照片的动画效果；使用"时间线"面板控制动画的出场时间。动感相册效果如图 3-132 所示。

⊕ 效果所在位置　　云盘\Ch03\动感相册\动感相册.aep。

扫码观看
本案例视频

图 3-132

第 4 章
应用时间线制作特效

应用时间线制作特效是 After Effects CS6 的重要功能，本章详细讲解了重置时间、关键帧的概念、关键帧的基本操作、图形编辑器等内容。读者通过学习本章的内容，能够掌握应用时间线来制作特效的方法。

课堂学习目标

- ✔ 了解时间线
- ✔ 学会如何重置时间
- ✔ 理解关键帧的概念
- ✔ 掌握关键帧的基本操作
- ✔ 学习使用图形编辑器

4.1　时间线

通过控制时间线，可以使播放速度正常的画面加速或减速播放，甚至反向播放，还可以制作一些非常有趣或者富有戏剧性的动态图像效果。

4.1.1　课堂案例——粒子汇集文字

◎ **案例学习目标**　　学习输入文字、在文字上添加滤镜和制作动画倒放效果。

☆ **案例知识要点**

使用"横排文字"工具编辑文字；使用"CC 像素多边形"命令制作文字粒子特效；使用"辉光"命令、"Shine"命令制作文字发光效果；使用"时间伸缩"命令制作动画倒放效果。粒子汇集文字效果如图 4-1 所示。

⊕ **效果所在位置**　　云盘\Ch04\粒子汇集文字\粒子汇集文字.aep。

图 4-1

1. 输入文字并添加特效

（1）按 Ctrl+N 组合键，弹出"图像合成设置"对话框，在"合成组名称"文本框中输入"粒子发散"，其他选项的设置如图 4-2 所示，单击"确定"按钮，即可创建一个新的合成"粒子发散"。

（2）选择"横排文字"工具 T，在"合成"预览窗口输入文字"璀璨星空"。选中文字，在"文字"面板中设置参数，如图 4-3 所示。"合成"窗口中的效果如图 4-4 所示。

图 4-2　　　　　　　　　　图 4-3　　　　　　　　　　图 4-4

（3）选中"文字"层，选择"效果 > 模拟仿真 > CC 像素多边形"命令，在"特效控制台"面板中进行参数设置，如图 4-5 所示。"合成"预览窗口中的效果如图 4-6 所示。

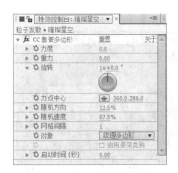 

图 4-5　　　　　　　　　　图 4-6

（4）将时间标签放置在 0s 的位置，在"特效控制台"面板中单击"力度"选项左侧的"关键帧自动记录器"按钮 ⏱，如图 4-7 所示，记录第 1 个关键帧。将时间标签放置在 4s24 帧的位置，在"特效控制台"面板中设置"力度"选项的数值为-0.6，如图 4-8 所示，记录第 2 个关键帧。

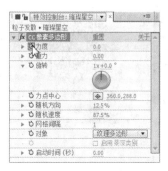

图 4-7   图 4-8

（5）将时间标签放置在 3s 的位置，在"特效控制台"面板中单击"重力"选项左侧的"关键帧自动记录器"按钮 ⏱，如图 4-9 所示，记录第 1 个关键帧。将时间标签放置在 4s 的位置，在"特效控制台"面板中设置"重力"选项的数值为 3，如图 4-10 所示，记录第 2 个关键帧。

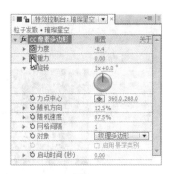

图 4-9   图 4-10

（6）将时间标签放置在 0s 的位置，选择"效果 > 风格化 > 辉光"命令，在"特效控制台"面板中设置"颜色 A"为红色（其 R、G、B 的值分别为 255、0、0），"颜色 B"为橙黄色（其 R、G、B 的值分别为 255、114、0），其他参数的设置如图 4-11 所示。"合成"预览窗口中的效果如图 4-12 所示。

图 4-11   图 4-12

（7）选择"效果 > Trapcode > Shine"命令，在"特效控制台"面板中进行参数设置，如图 4-13 所示。"合成"预览窗口中的效果如图 4-14 所示。

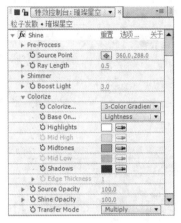

图 4-13   图 4-14

2. 制作动画倒放效果

（1）按 Ctrl+N 组合键，弹出"图像合成设置"对话框，在"合成组名称"文本框中输入"粒子汇集"，其他选项的设置如图 4-15 所示，单击"确定"按钮，即可创建一个新的合成"粒子汇集"。

（2）选择"文件 > 导入 > 文件"命令，在弹出的"导入文件"对话框中，选择云盘中的"Ch04\粒子汇集文字\ (Footage) \01.mov"文件，单击"打开"按钮，文件将被导入"项目"面板中。在"项目"面板中选中"粒子发散"合成和"01.mov"文件，将它们拖曳到"时间线"面板中，如图 4-16 所示。

图 4-15   图 4-16

（3）选中"粒子发散"层，选择"图层 > 时间 > 时间伸缩"命令，弹出"时间伸缩"对话框，设置"伸缩比率"选项的数值为-100%，如图 4-17 所示，单击"确定"按钮。时间标签自动移到 0s 的位置，如图 4-18 所示。按 [键将素材对齐，如图 4-19 所示。

图 4-17

图 4-18

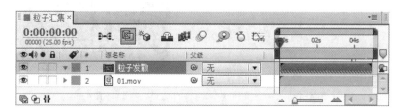

图 4-19

（4）粒子汇集文字效果制作完成，如图 4-20 所示。

4.1.2　使用时间线控制速度

选择"文件 > 打开项目"命令，选择云盘中的"基础素材\Ch04\项目一.aep"文件，单击"打开"按钮打开文件。

在"时间线"面板中，单击按钮 ⇕，展开时间"伸缩"属性，如图 4-21 所示。利用"伸缩"属性可以加快或者减慢动态素材层的播放速度，默认情况下伸缩值为 100%，代表正常速度播放；小于 100%时，将加快播放速度；大于 100%时，将减慢播放速度。不过在时间拉伸的情况下不能生成关键帧，因此无法制作播放速度变化的动画特效。

图 4-20

图 4-21

4.1.3　设置音频的"伸缩"属性

除了视频，在 After Effects CS6 里还可以设置音频的"伸缩"属性，如图 4-22 所示。随着伸缩值的变化，可以听到音频的变化。

如果某个素材层同时包含音频和视频信息，且在对其进行播放速度调整时，希望只改变视频的播放速度，同时使音频按正常速度播放，那么此时就需要复制一份该素材层，其中的一个层关闭视频，保留音频部分，不改变播放速度；另一个层关闭音频，保留视频部分，进行播放速度调整。

图 4-22

4.1.4 使用入点和出点控制速度

在入点和出点参数面板中可以方便地设置层的入点和出点，此外，它们还隐藏了某个快捷功能，即通过设置入点和出点参数同样可以改变素材层的播放速度和伸缩值。

在"时间线"面板中，将当前时间标签移动到某个时间的位置，按住 Ctrl 键的同时单击入点或者出点参数，即可改变素材层的播放速度，如图 4-23 所示。

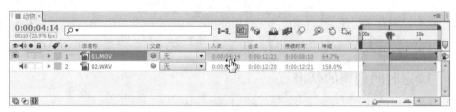

图 4-23

4.1.5 时间线上的关键帧

如果素材层包含关键帧动画，那么在改变其伸缩值时，不仅仅会影响其本身的播放速度，关键帧之间的时间距离也会随之改变。例如，如果将伸缩值设置为 50%，那么原来关键帧之间的距离就会缩短一半，关键帧动画的播放速度同样也会加快一倍，如图 4-24 所示。

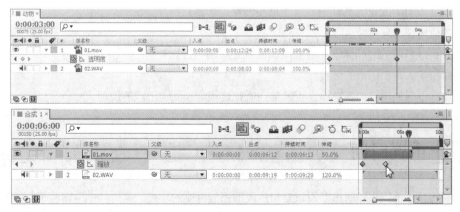

图 4-24

如果不希望改变伸缩值时影响关键帧的位置，则需要选中当前层的所有关键帧，然后选择"编辑 > 剪切"命令，或按 Ctrl+X 组合键，暂时将关键帧复制到剪贴板中，再调整伸缩值；在改变素材层的播放速度后，选择关键帧所对应的属性，再选择"编辑 > 粘贴"命令，或按 Ctrl+V 组合键，将关键帧粘贴到当前层中。

4.1.6 颠倒时间

在视频节目中，经常会看到倒放的动态影像，其实利用"伸缩"属性可以很方便地实现这一点，把伸缩值调整为负值即可。例如，如果想要保持原来的播放速度，只想实现倒放，则可以将伸缩值设置为−100%，如图 4-25 所示。

图 4-25

当伸缩值为负值时，图层上出现了红色的斜线，表示已经颠倒了时间；图层会移动到别的地方，这是因为在颠倒时间的过程中，是以图层的入点为变化时的基准点的，所以颠倒后会导致图层位置上的变动，只需要将其拖曳到合适的位置即可。

4.1.7 确定时间调整的基准点

在时间伸缩的过程中，已经表明了变化时的基准点在默认情况下是层的入点，特别是在颠倒时间的过程中更明显地展示了这一点。其实在 After Effects CS6 中，时间调整的基准点同样是可以改变的。

单击伸参数，弹出"时间伸缩"对话框，在对话框中的"放置保持"选项区域中可以设置在改变伸缩值时层变化的基准点，如图 4-26 所示。

图 4-26

层入点：以层的入点为基准点，也就是在调整过程中，固定入点的位置。

当前帧：以当前的时间标签为基准点，也就是在调整过程中，同时影响入点和出点的位置。

层出点：以层的出点为基准点，也就是在调整过程中，固定出点的位置。

4.2 重置时间

重置时间是一种用来随时重新设置素材片段的播放速度的功能。与"伸缩"属性不同的是，利用它可以设置关键帧，以及进行各种变速动画的创作。重置时间可以应用在动态素材上，例如视频素材层、音频素材层和嵌套合成等。

4.2.1　"启用时间重置"命令

在"时间线"面板中选择视频素材层，选择"图层 > 时间 > 启用时间重置"命令，或按 Ctrl+Alt+T 组合键，展开"时间重置"属性，如图 4-27 所示。

图 4-27

添加"时间重置"属性后，系统自动在视频素材层的入点和出点位置设置了两个关键帧，入点位置的关键帧记录了 0s 这个时间点，出点位置的关键帧记录了片段最后的时间点，也就是 13s。

4.2.2　重置时间的方法

（1）在"时间线"面板中，移动当前时间标签到 5s 的位置，单击"在当前时间添加或移除关键帧"按钮◇，如图 4-28 所示，生成一个关键帧，这个关键帧记录了 5s 这个时间点。

图 4-28

（2）将刚刚生成的那个关键帧向左拖曳到 2s 的位置，如图 4-29 所示，这样从开始一直到 2s 的位置，会播放 0 ~ 5s 的片段内容。因此，从开始到第 2s，素材片段会快速播放，而第 2s 以后，素材片段会慢速播放，因为最后那个关键帧并没有发生位置移动。

图 4-29

（3）按 0 键预览动画效果，按任意键结束预览。

（4）再次将当前时间标签移动到 5s 的位置，单击"在当前时间添加或移除关键帧"按钮◇，生成一个关键帧，这个关键帧记录了 7s5 帧这个时间点，如图 4-30 所示。

图 4-30

（5）将刚刚生成的那个关键帧移动到 1s 的位置，如图 4-31 所示，这样从开始一直到 1s 的位置，会播放 0s0 帧~7s5 帧的片段内容，播放速度非常快；然后从 1s 到 2s 的位置，会倒放 7s5 帧~5s 的片段内容；从 2s 的设置直到最后，会播放 3s~13s 的片段内容。

图 4-31

（6）可以切换到"图形编辑器"模式，调整这些关键帧的运动速率，制作各种变速效果，如图 4-32 所示。

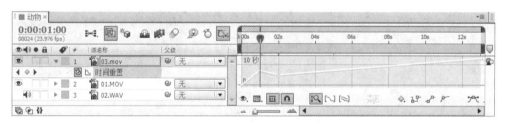

图 4-32

4.3 理解关键帧的概念

在 After Effects CS6 中，把包含着关键信息的帧称为关键帧。定位点、旋转和透明度等所有能够用数值表示的信息都包含在关键帧中。

在制作电影时，通常要制作许多不同的片段，然后将片段连接到一起。对于制作人来说，每一个片段的开头和结尾都要添加一个标记，这样在看到标记时就知道这一段的内容是什么。

After Effects CS6 可以依据前后两个关键帧识别动画开始和结束时的状态，并自动计算中间的动画过程（此过程也叫插值运算），从而产生视觉动画。这也就意味着，要制作关键帧动画，就必须拥有两个或两个以上、包含不同信息的关键帧。

4.4 关键帧的基本操作

在 After Effects CS6 中,可以添加、选择和编辑关键帧,还可以使用关键帧自动记录器来记录关键帧。下面将对关键帧的基本操作进行详细讲解。

4.4.1 课堂案例——运动的瓢虫

◎ 案例学习目标　学习编辑关键帧,以及使用关键帧制作运动的瓢虫。

案例知识要点

使用"动态草图"命令绘制动画路径并自动添加关键帧;使用"平滑器"命令自动减少关键帧;使用"阴影"命令给瓢虫添加投影。运动的瓢虫效果如图 4-33 所示。

⊕ 效果所在位置　云盘\Ch04\运动的瓢虫\运动的瓢虫.aep。

图 4-33

扫码观看
本案例视频

扫码查看
扩展案例

1. 导入文件并编辑瓢虫动画

(1)按 Ctrl+N 组合键,弹出"图像合成设置"对话框,在"合成组名称"文本框中输入"运动的瓢虫",其他选项的设置如图 4-34 所示,单击"确定"按钮,即可创建一个新的合成"运动的瓢虫"。选择"文件 > 导入 > 文件"命令,在弹出的"导入文件"对话框中,选择云盘中的"Ch04\运动的瓢虫\(Footage)\01.jpg、02.png 和 03.png"文件,单击"打开"按钮,即可导入图片到"项目"面板中,如图 4-35 所示。

图 4-34

图 4-35

（2）在"项目"面板中，选中"01.jpg"和"03.png"文件并将它们拖曳到"时间线"面板中，如图 4-36 所示。选中"03.png"层，按 S 键展开"缩放"属性，设置"缩放"选项的数值为 25.0，25.0%，如图 4-37 所示。

图 4-36   图 4-37

（3）按 P 键，展开"位置"属性，设置"位置"选项的数值为 570.0，52.0，如图 4-38 所示。选择"定位点"工具，在"合成"预览窗口中，在瓢虫的中心点上按住鼠标左键并拖曳鼠标，即可调整中心点所在的位置，如图 4-39 所示。

图 4-38   图 4-39

（4）按 R 键展开"旋转"属性，设置"旋转"选项的数值为 0.0，98.0，如图 4-40 所示。"合成"预览窗口中的效果如图 4-41 所示。

图 4-40   图 4-41

（5）选择"窗口 > 动态草图"命令，打开"动态草图"面板，在该面板中设置参数，如图 4-42 所示，设置完毕后单击"开始采集"按钮；当"合成"预览窗口中的鼠标指针变成十字形状时，拖曳鼠标指针绘制运动路径，如图 4-43 所示。

图 4-42   图 4-43

（6）选择"图层 > 变换 > 自动定向"命令，弹出"自动定向"对话框，在该对话框中选中"沿路径方向设置"单选按钮，如图 4-44 所示，单击"确定"按钮。"合成"预览窗口中的效果如图 4-45所示。

图 4-44

图 4-45

（7）按 P 键，展开"位置"属性，用框选的方法选中所有关键帧；再选择"窗口 > 平滑器"命令，打开"平滑器"面板，在该面板中设置参数，如图 4-46 所示，设置完毕后单击"应用"按钮。"合成"预览窗口中的效果如图 4-47 所示。设置完成后动画会更加流畅。

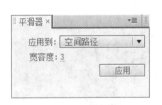

图 4-46

图 4-47

（8）选择"效果 > 透视 > 阴影"命令，在"特效控制台"面板中进行参数设置，如图 4-48 所示。"合成"预览窗口中的效果如图 4-49 所示。

图 4-48

图 4-49

2. 编辑复制层

（1）选中"03.png"层，按 Ctrl+D 组合键即可复制该层，如图 4-50 所示。按 P 键，展开新复制的"03.png"层的"位置"属性，单击"位置"选项左侧的"关键帧自动记录器"按钮 ♻ ，删除所有的关键帧，如图 4-51 所示。按照上述方法制作另一只瓢虫的路径动画。

图 4-50   图 4-51

（2）选中新复制的"03.png"层，将时间标签放置在 1s20 帧的位置，如图 4-52 所示。按 [键设置动画的入点，如图 4-53 所示。

图 4-52   图 4-53

（3）在"项目"面板中，选中"02.png"文件并将其拖曳到"时间线"面板中，如图 4-54 所示。运动的瓢虫效果制作完成，如图 4-55 所示。

图 4-54   图 4-55

4.4.2　关键帧自动记录器

After Effects CS6 提供了非常丰富的功能来调整和设置层的各个属性，但是在普通状态下这些设置被看作是针对整个持续时间的，所以如果要进行动画处理，则必须单击"关键帧自动记录器"按钮 ，并记录两个或两个以上、含有不同信息的关键帧，如图 4-56 所示。

图 4-56

如果关键帧自动记录器为启用状态，则此时 After Effects CS6 将自动记录当前时间下该层该属性的任何变动，从而形成关键帧。如果关闭该属性的关键帧自动记录器 ⏱，则此属性所有已有的关键帧将被删除，由于缺少关键帧，动画信息将会丢失，再次调整属性时，会被看作是针对整个持续时间的调整。

4.4.3　添加关键帧

添加关键帧的方法很多，基本方法是先启动某属性的关键帧自动记录器，然后改变属性值，即可在当前时间标签处形成关键帧，具体操作步骤如下。

（1）选择某层，通过单击小三角形按钮 ▶ 或按快捷键，展开该层的属性。

（2）将当前的时间标签移动到建立第 1 个关键帧的时间位置。

（3）单击某属性的"关键帧自动记录器"按钮 ⏱，在当前时间标签所在的位置将产生第 1 个关键帧 ◇。将此属性的值调整为合适的大小。

（4）将当前时间标签移动到建立下一个关键帧的时间位置，在"合成"预览窗口或者"时间线"面板中调整相应的层属性，将自动产生关键帧。

（5）按 0 键预览动画。

> **提示：** 如果启动了某层的"蒙版"属性的关键帧自动记录器，那么在"图层"预览窗口中调整蒙版时也会产生关键帧信息。

另外，单击"时间线"面板中的 ◀ ◇ ▶ 中间的按钮 ◇，也可以添加关键帧；如果是在已有关键帧的情况下单击此按钮，则会将已有的关键帧删除，其快捷键由 Alt 键、Shift 键以及某属性的快捷键组成，例如 Alt+Shift+P 组合键。

4.4.4　关键帧导航

在上一小节中，提到了"时间线"面板中的关键帧面板，此面板最主要的功能就是关键帧导航，通过关键帧导航可以快速跳转到上一个或下一个关键帧所在的位置，还可以方便地添加或者删除关键帧。如果此面板没有出现，可单击"时间线"面板右上角的按钮 ▤，在弹出的列表中选择"显示栏目 > A/V 功能"命令，即可打开此面板，如图 4-57 所示。

图 4-57

> **提示：** 既然要对关键帧进行导航操作，就必须将关键帧呈现出来，按 U 键即可展示层中所有的关键帧。

单击◀按钮可跳转到上一个关键帧，其快捷键是 J。

单击▶按钮可跳转到下一个关键帧，其快捷键是 K。

> **提示**：关键帧导航按钮仅针对本属性的关键帧进行导航，而快捷键 J 和 K 则可以针对画板中展现的所有关键帧进行导航，这是有区别的。

"在当前时间添加或移除关键帧"按钮 ∧：当前无关键帧，单击此按钮将生成关键帧。

"在当前时间添加或移除关键帧"按钮 ◇：当前已有关键帧，单击此按钮将删除关键帧。

4.4.5 选择关键帧

1. 选择单个关键帧

在"时间线"面板中，展开某个包含关键帧的属性，单击某个关键帧，则此关键帧即被选中。

2. 选择多个关键帧

◎ 在"时间线"面板中，在按住 Shift 键的同时，逐个选择关键帧，即可选择多个关键帧。

◎ 在"时间线"面板中，通过拖曳形成一个选取框，选取框内的所有关键帧即被选中，如图 4-58 所示。

图 4-58

3. 选择所有关键帧

单击属性名称，即可选择该属性的所有关键帧，如图 4-59 所示。

图 4-59

4.4.6 编辑关键帧

1. 编辑关键帧的值

在关键帧上双击，在弹出的对话框中进行设置，如图 4-60 所示。

> **提示**：不同的属性对话框中呈现的内容也会不同，图 4-60 展现的是双击"位置"属性的关键帧时弹出的对话框。

如果在"合成"预览窗口或者"时间线"面板中调整关键帧，就必须选中当前关键帧，如图 4-61 所示，否则编辑关键帧的操作将变成建立新的关键帧的操作。

图 4-60   图 4-61

> **提示**：如果在按住 Shift 键的同时移动当前时间标签，当前时间标签将自动对齐最近的一个关键帧；如果在按住 Shift 键的同时移动关键帧，关键帧将自动对齐当前时间标签。

如果要同时改变某属性的几个或所有关键帧的值，则需要同时选中几个或者所有关键帧，并确定当前时间标签刚好对齐被选中的某一个关键帧后，再进行修改，如图 4-62 所示。

图 4-62

2. 移动关键帧

选中单个或者多个关键帧，按住鼠标左键，将其拖曳到目标时间位置即可；还可以在移动的同时按住 Shift 键，即可将其锁定到当前时间标签所在的位置。

3. 复制关键帧

复制关键帧可以大大提高创作效率，避免一些重复性的操作，但是在粘贴前一定要注意当前选择的目标层、目标层的目标属性以及当前时间标签所在的位置，因为这些是粘贴操作的重要依据。复制关键性的具体操作步骤如下。

（1）可以选中要复制的单个或多个关键帧，也可以选中多个属性的多个关键帧，如图 4-63 所示。

图 4-63

（2）选择"编辑 > 复制"命令即可复制选中的关键帧。选择目标层，将时间标签移动到目标时间位置，如图 4-64 所示。

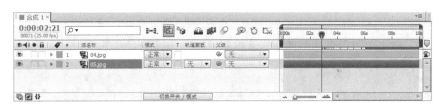

图 4-64

（3）选择"编辑 > 粘贴"命令即可粘贴已复制的关键帧，如图 4-65 所示。按 U 键可显示所有关键帧。

图 4-65

> **提示**：关键帧的复制和粘贴操作不仅可以在本层的属性上进行，也可以在其他层的相同属性上进行。如果要将关键帧复制到本层或其他层的属性上，那么要求两个属性的数据类型必须是一致的。例如，将某个二维层的"位置"属性的关键帧复制到另一个二维层的"定位点"属性上，由于两个属性的数据类型是一致的（都是 x 轴方向和 y 轴方向的数值），所以可以进行复制操作，只要在进行粘贴操作前，确定选中的目标层的目标属性即可，如图 4-66 所示。

图 4-66

> **提示**：如果要粘贴的关键帧与目标层上的关键帧处在同一时间位置，则要粘贴的关键帧将覆盖目标层上原来的关键帧。另外，在无关键帧时也可以复制层的属性值，这个操作通常用于统一不同层间的属性值。

4. 删除关键帧

◎ 选中需要删除的单个或多个关键帧，选择"编辑 > 清除"命令，进行删除操作。

◎ 选中需要删除的单个或多个关键帧，按 Delete 键即可删除选中的关键帧。

◎ 将当前时间标签对齐关键帧，关键帧面板中的"在当前时间添加或移除关键帧"按钮会呈现◆状态，单击此状态下的这个按钮将删除当前关键帧；或同时按 Alt 键、Shift 键以及某属性的快捷键（如 Alt+Shift+P 组合键）也可以删除当前关键帧。

◎ 如果要删除某属性的所有关键帧，可单击属性名称选中所有关键帧，然后按 Delete 键；或者单击属性名称左侧的"关键帧自动记录器"按钮 ，将其关闭，也可以删除该属性的所有关键帧。

4.5　课堂练习——花开放

练习知识要点

　　使用"导入"命令导入视频与图片；使用"缩放"属性制作缩放效果；使用"位置"属性改变形状的位置；使用"色阶"命令调整颜色；使用"启用时间重置"命令添加并编辑关键帧。花开放效果如图 4-67 所示。

效果所在位置　　云盘\Ch04\花开放\花开放.aep。

图 4-67

4.6　课后习题——水墨过渡效果

习题知识要点

　　使用"复合模糊"命令制作快速模糊效果；使用"置换映射"命令制作置换效果；使用"透明度"属性添加关键帧并编辑不透明度；使用"矩形遮罩"工具绘制遮罩图形。水墨过渡效果如图 4-68 所示。

效果所在位置　　云盘\Ch04\水墨过渡效果\水墨过渡效果.aep。

图 4-68

第 5 章
创建文字

本章对创建文字的方法进行了详细讲解，其中包括文字工具、文字层、文字特效等内容。读者通过学习本章的内容，可以了解并掌握创建文字的技巧。

课堂学习目标

✔ 学会创建文字
✔ 掌握制作文字特效的方法

5.1　创建文字

在 After Effects CS6 中创建文字是非常方便的，主要有以下两种创建文字的方法。

◎ 选择"工具"面板中的"横排文字"工具 T，如图 5-1 所示。

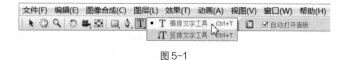

图 5-1

◎ 选择"图层 > 新建 > 文字"命令，或按 Ctrl+Alt+Shift+T 组合键，如图 5-2 所示。

图 5-2

5.1.1　课堂案例——打字效果

◎ **案例学习目标**　学习输入并编辑文字。

案例知识要点

使用"横排文字"工具输入并编辑文字；使用动画预置制作打字动画。打字效果如图 5-3 所示。

效果所在位置　云盘\Ch05\打字效果\打字效果.aep。

扫码观看
本案例视频

扫码查看
扩展案例

图 5-3

（1）按 Ctrl+N 组合键，弹出"图像合成设置"对话框，在"合成组名称"文本框中输入"打字效果"，其他选项的设置如图 5-4 所示，单击"确定"按钮，即可创建一个新的合成"打字效果"。选择"文件 > 导入 > 文件"命令，在弹出的"导入文件"对话框中，选择云盘中的"Ch05\打字效果\（Footage）\ 01.jpg"文件，单击"打开"按钮，图片将被导入"项目"面板中，如图 5-5 所示，然后将其拖曳到"时间线"面板中。

图 5-4

图 5-5

（2）选择"横排文字"工具，在"合成"预览窗口中输入文字"种子向往的光明天空终有一天会实现，豆芽向往的绿色海洋终有一天会实现，花苗向往的芬芳世界终有一天会实现，而我向往美好生活终有一天会实现……"。选中文字，在"文字"面板中设置参数，如图 5-6 所示。"合成"预览窗口中的效果如图 5-7 所示。

（3）选中"文字"层，将时间标签放置在 0s 的位置，选择"窗口 > 效果和预置"命令，打开"效果和预置"面板，单击"动画预置"左侧的三角形按钮 ▶ 将其展开，双击"Text > Multi-line > Word Processor"命令，即可应用效果。"合成"预览窗口中的效果如图 5-8 所示。

图 5-6 图 5-7 图 5-8

（4）选中"文字"层，按 U 键展开所有关键帧，如图 5-9 所示。选中第 2 个关键帧，设置"光标"选项的数值为 100.0，并将关键帧移至 8s3 帧的位置，如图 5-10 所示。

图 5-9 图 5-10

（5）打字效果制作完成，如图 5-11 所示。

图 5-11

5.1.2 文字工具

在"工具"面板中提供了用于建立文本的工具，包括"横排文字"工具 T 和"竖排文字"工具 IT，可以根据需要建立水平方向上的文字和垂直方向上的文字，如图 5-12 所示。在"文字"面板中可以设置字体、字号、颜色、字符间距、行距和比例关系等，在"段落"面板中可以使文字左对齐、居中或右对齐等，如图 5-13 所示。

图 5-12

图 5-13

5.1.3　文字层

在菜单栏中选择"图层 > 新建 > 文字"命令，如图 5-14 所示，即可建立一个文字层。建立文字层后可以直接在"合成"预览窗口中输入所需要的文字，如图 5-15 所示。

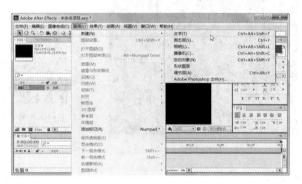

图 5-14

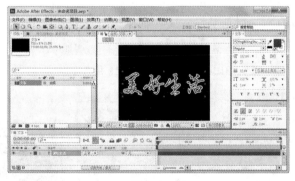

图 5-15

5.2　文字特效

After Effects CS6 保留了旧版本中的一些文字特效，如"基本文字"特效和"路径文字"特效，这些特效主要用于制作一些只使用文字工具而不能实现的效果。

5.2.1 课堂案例——烟飘文字

◎ **案例学习目标** 学习使用文字特效。

☆ **案例知识要点**

使用"横排文字"工具输入文字；使用"分形噪波"命令制作背景效果；使用"矩形遮罩"工具制作遮罩效果；使用"复合模糊"命令、"置换映射"命令制作烟飘效果。烟飘文字效果如图 5-16 所示。

⊕ **效果所在位置** 云盘\Ch05\烟飘文字\烟飘文字.aep。

图 5-16

扫码观看
本案例视频

扫码查看
扩展案例

1. 输入文字与添加噪波

（1）按 Ctrl+N 组合键，弹出"图像合成设置"对话框，在"合成组名称"文本框中输入"文字"，如图 5-17 所示，单击"确定"按钮，即可创建一个新的合成"文字"。

（2）选择"横排文字"工具 T，在"合成"预览窗口中输入文字"Urban Night"。选中文字，在"文字"面板中设置"填充色"为蓝色（其 R、G、B 的值分别为 0、132、202），其他参数的设置如图 5-18 所示。"合成"预览窗口中的效果如图 5-19 所示。

图 5-17   图 5-18   图 5-19

（3）按 Ctrl+N 组合键，弹出"图像合成设置"对话框，在"合成组名称"文本框中输入"噪波"，如图 5-20 所示，单击"确定"按钮，即可创建一个新的合成"噪波"。选择"图层 > 新建 > 固态层"命令，弹出"固态层设置"对话框，在"名称"文本框中输入文字"噪波"，将"颜色"设为灰色（其 R、G、B 的值均为 135），单击"确定"按钮即可在"时间线"面板中新增一个灰色固态层，如图 5-21 所示。

图 5-20 图 5-21

（4）选中"噪波"层，选择"效果 > 杂波与颗粒 > 分形噪波"命令，在"特效控制台"面板中进行参数设置，如图 5-22 所示。"合成"预览窗口中的效果如图 5-23 所示。

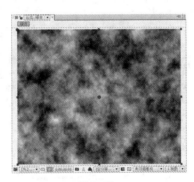

图 5-22 图 5-23

（5）将时间标签放置在 0s 的位置，在"特效控制台"面板中，单击"演变"选项左侧的"关键帧自动记录器"按钮 ᗜ，如图 5-24 所示，记录第 1 个关键帧。将时间标签放置在 4s24 帧的位置，在"特效控制台"面板中，设置"演变"选项的数值为 3.0，0.0，如图 5-25 所示，记录第 2 个关键帧。

图 5-24 图 5-25

2. 添加蒙版效果

（1）选择"矩形遮罩"工具 ，在"合成"预览窗口中拖曳鼠标指针绘制一个矩形遮罩，如图 5-26 所示。按 F 键展开"遮罩羽化"属性，设置"遮罩羽化"选项的数值为 70.0，70.0，如图 5-27 所示。

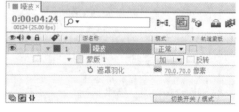

图 5-26　　　　　　　　　　　　　　　　图 5-27

（2）将时间标签放置在 0s 的位置，选中"噪波"层，按两次 M 键，展开"遮罩"属性，单击"遮罩形状"选项左侧的"关键帧自动记录器"按钮 ，如图 5-28 所示，记录第 1 个关键帧。将时间标签放置在 4s24 帧的位置，选择"选择"工具 ，在"合成"预览窗口中同时选中遮罩左侧的两个控制点，将控制点向右拖曳到适当的位置，如图 5-29 所示，记录第 2 个关键帧。此时的"时间线"面板如图 5-30 所示。

图 5-28　　　　　　　　　　　　　　　　图 5-29

图 5-30

（3）按 Ctrl+N 组合键，创建一个新的合成并将其命名为"噪波 2"。选择"图层 > 新建 > 固态层"命令，新建一个灰色固态层并将其命名为"噪波 2"。与前面制作"噪波"合成的步骤一样，添加"分形噪波"特效并记录关键帧。选择"效果 > 色彩校正 > 曲线"命令，在"特效控制台"面板中调整曲线的参数，如图 5-31 所示。调整后，"合成"预览窗口中的效果如图 5-32 所示。

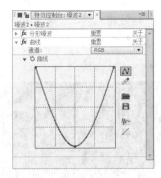

图 5-31 图 5-32

（4）按 Ctrl+N 组合键，弹出"图像合成设置"对话框，在"合成组名称"文本框中输入"烟飘文字"，如图 5-33 所示，单击"确定"按钮，即可创建一个新的合成"烟飘文字"。在"项目"面板中，分别选中"文字""噪波"和"噪波 2"合成并将它们拖曳到"时间线"面板中，层的排列顺序如图 5-34 所示。

图 5-33 图 5-34

（5）选择"文件 > 导入 > 文件"命令，在弹出的"导入文件"对话框中，选择云盘中的"素材文件\Ch05\烟飘文字\（Footage）\01.jpg"文件，如图 5-35 所示，单击"打开"按钮即可导入背景图片，然后再将其拖曳到"时间线"面板中，如图 5-36 所示。

图 5-35 图 5-36

（6）分别单击"噪波"和"噪波 2"层左侧的"眼睛"按钮👁，将这两个层隐藏。选中"文字"层，选择"效果 > 模糊与锐化 > 复合模糊"命令，在"特效控制台"面板中进行参数设置，如图 5-37 所示。"合成"预览窗口中的效果如图 5-38 所示。

图 5-37　　　　　　　　　　　　　　　　　　图 5-38

（7）在"特效控制台"面板中，单击"最大模糊"选项左侧的"关键帧自动记录器"按钮🕐，如图 5-39 所示，记录第 1 个关键帧。将时间标签放置在 4s24 帧的位置，在"特效控制台"面板中，设置"最大模糊"选项的数值为 0.0，如图 5-40 所示，记录第 2 个关键帧。

图 5-39　　　　　　　　　　　　　　　　　　图 5-40

（8）选择"效果 > 扭曲 > 置换映射"命令，在"特效控制台"面板中进行参数设置，如图 5-41 所示。烟飘文字效果制作完成，如图 5-42 所示。

图 5-41　　　　　　　　　　　　　　　　　　图 5-42

5.2.2　"基本文字"特效

"基本文字"特效用于创建文字或文字动画，在"基本文字"对话框中可以指定文字的字体、样式、方向以及排列方式，如图 5-43 所示。

使用该特效还可以在一个现有的图像层中创建文字。通过选中"合成于原始图像之上"复选框，可以使文字与图像融合为一体；如果未选中该复选框，则文字与图像相互对立，"特效控制台"面板中还提供了位置、填充与描边、大小、跟踪和行距等选项，如图 5-44 所示。

图 5-43　　　　　　　　　　　　　　　　　　图 5-44

5.2.3 "路径文字"特效

"路径文字"特效用于制作文字沿某一条路径运动的动画效果。在"路径文字"对话框中可以设置文字的字体和样式，如图 5-45 所示。

在"特效控制台"面板中还提供了信息、路径选项、填充与描边、字符、段落、高级和合成于原始图像上等选项，如图 5-46 所示。

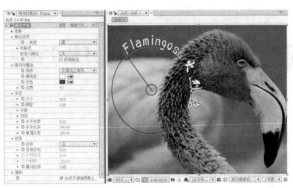

图 5-45　　　　　　　　　　　　　　　　　　图 5-46

5.2.4 "编号"特效

使用"编号"特效能生成不同格式的随机数或序数，如小数、日期和时间，甚至是当前的日期和时间（在渲染时）。使用"编号"特效可以创建各种各样的计数器。在"数字编号"对话框中可以设置字体、样式、方向和排列方式等，如图 5-47 所示。

"特效控制台"面板中还提供了格式、填充和描边、大小、跟踪等选项，如图 5-48 所示。

图 5-47　　　　　　　　　　　　　　　　　　图 5-48

5.2.5　"时间码"特效

"时间码"特效主要用于在素材层中显示时间信息或者关键帧上的编码信息，还可以将时间码信息译成密码并保存于层中以供显示。在"特效控制台"面板中可以设置显示格式、源时间、文字位置、文字大小和文字颜色等，如图 5-49 所示。

图 5-49

5.3　课堂练习——飞舞数字流

☆ 练习知识要点

使用"横排文字"工具输入并编辑文字；使用"导入"命令导入文件；使用"Particular"命令制作飞舞数字。飞舞数字流效果如图 5-50 所示。

⊕ **效果所在位置**　　云盘\Ch05\飞舞数字流\飞舞数字流.aep。

图 5-50

扫码观看
本案例视频

5.4 课后习题——光效文字

☆ 习题知识要点

　　使用"导入"命令导入素材；使用"基本文字"特效和"路径文字"特效输入文字；使用"Shine"命令制作文字发光效果。光效文字效果如图 5-51 所示。

⊕ 效果所在位置　　云盘\Ch05\光效文字\光效文字.aep。

扫码观看
本案例视频

图 5-51

第 6 章
应用效果

本章将主要介绍 After Effects CS6 中的各种效果及其应用方式和参数设置，并对有实用价值、存在一定难度的效果进行重点讲解。通过对本章的学习，读者可以快速了解并掌握应用效果的方法和技巧。

课堂学习目标

- ✔ 初步了解效果
- ✔ 学会应用"模糊与锐化"效果
- ✔ 学会应用"色彩校正"效果
- ✔ 学会应用"生成"效果
- ✔ 学会应用"扭曲"效果
- ✔ 学会应用"杂波与颗粒"效果
- ✔ 学会应用"模拟仿真"效果
- ✔ 学会应用"风格化"效果

6.1 初步了解效果

After Effects CS6 提供了多种效果，包括音频、模糊与锐化、色彩校正、扭曲、键控、模拟仿真、风格化和文字等。应用效果不仅能够对视频进行艺术加工，还可以提高视频的画面质量。

6.1.1 为图层添加效果

为图层添加效果的方法很多，可以根据情况灵活选择方法。

◎ 在"时间线"面板中选中某个图层，选择"效果"菜单中的各项效果命令即可。

◎ 在"时间线"面板中，在某个图层上右击，在弹出的菜单中选择

图 6-1

"效果"子菜单中的各项效果命令即可。

◎ 选择"窗口 > 效果和预置"命令，或按 Ctrl+5 组合键，打开"效果和预置"面板，如图 6-1 所示；在分类中选中需要的效果，然后将其拖曳到"时间线"面板中的某个图层上即可。

◎ 在"时间线"面板中选择某个图层，然后选择"窗口 > 效果和预置"命令，打开"效果和预置"面板，双击分类中需要的效果即可。

对于图层来讲，一个效果常常是不能完全满足创作需要的。只有使用上述任意一种方法，为图层添加多个效果，才可以制作出复杂的效果。此外，在同一图层上应用多个效果时，一定要注意上下顺序，因为不同的顺序可能对应着完全不同的画面效果，如图 6-2 和图 6-3 所示。

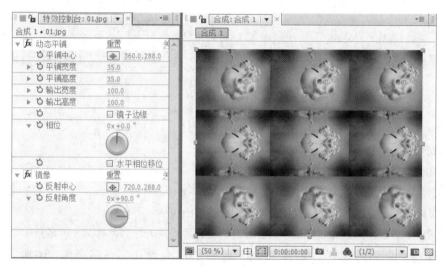

图 6-2

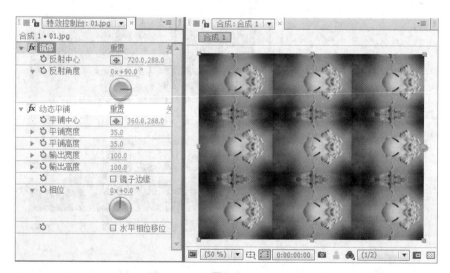

图 6-3

改变效果顺序的方法很简单，只要在"特效控制台"面板或者"时间线"面板中，向上或向下拖曳目标效果到目标位置即可，如图 6-4 和图 6-5 所示。

图 6-4 　　　　　　　　　　　　　　　　　图 6-5

6.1.2　调整、复制和删除效果

1. 调整效果

在为图层添加效果时，系统一般会自动将"特效控制台"面板打开，如果未打开该面板，可以通过选择"窗口 > 特效控制台"命令打开"特效控制台"面板。

After Effects CS6 提供了多种效果，调整效果的方法包括以下 5 种。

◎ 位置点：一般用来设置效果的中心位置。调整位置点的方法有两种，一种是直接调整参数值；另一种是单击 ⊕ 按钮，然后在"合成"预览窗口中的合适位置单击，效果如图 6-6 所示。

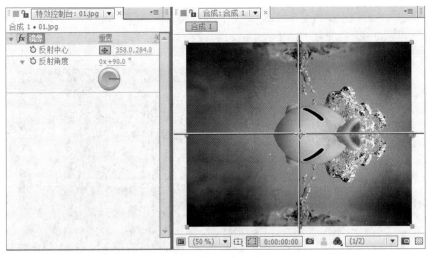

图 6-6

◎ 下拉列表：在其中可以设置各种单项参数，但一般不能通过设置关键帧来制作动画。如果可以制作关键帧动画，则会产生图 6-7 所示的硬性变化的关键帧，这种变化是一种突变，所以不能呈现出具有连续性的渐变效果。

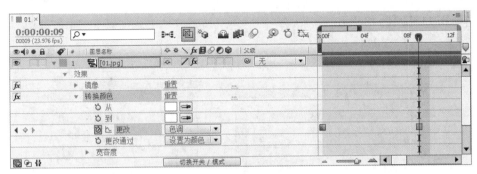

图 6-7

◎ 调整滑块：可以通过拖曳滑块来调整数值。不过需要注意的是，调整滑块时并不能显示参数的极限值。以"复合模糊"效果为例，虽然在调整滑块时看到的调整范围是 0.0～100.0，如图 6-8 所示，但是如果用直接输入的方法来调整数值，则输入的最大值为 4 000。因此，在调整滑块时看到的调整范围一般是常用的数值所在的范围。

◎ 颜色选取框：主要用于选取或者改变颜色，单击将会弹出图 6-9 所示的色彩选择对话框。

◎ 角度旋转器：一般用来设置角度和圈数，如图 6-10 所示。

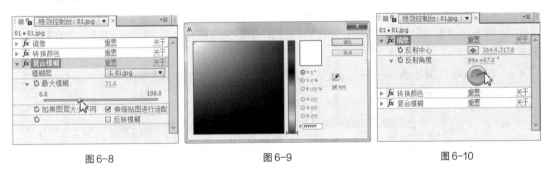

图 6-8　　　　　　　　　　　图 6-9　　　　　　　　　　　图 6-10

2. 删除效果

删除效果的方法很简单，只需要在"特效控制台"面板或者"时间线"面板中选择某个效果，再按 Delete 键即可删除。

提示：在"时间线"面板中快速展开效果选项的方法是：选中包含效果的图层，再按 E 键。

3. 复制效果

如果只是在本图层中进行效果复制，则只需要在"特效控制台"面板或者"时间线"面板中选中效果，再按 Ctrl+D 组合键即可。

如果是将效果复制到其他图层中，则具体操作步骤如下。

（1）在"特效控制台"面板或者"时间线"面板中选中原图层中的一个或多个效果。

（2）选择"编辑 > 复制"命令，或者按 Ctrl+C 组合键，完成效果复制操作。

（3）在"时间线"面板中，选中目标图层，然后选择"编辑 > 粘贴"命令，或按 Ctrl+V 组合键，完成效果粘贴操作。

4. 暂时关闭效果

在"特效控制台"面板或者"时间线"面板中有一个按钮 *fx*，单击该按钮可以暂时关闭一个或几个效果，如图 6-11 和图 6-12 所示。

图 6-11

图 6-12

6.1.3　制作关键帧动画

1. 在"时间线"面板中制作关键帧动画

（1）在"时间线"面板中选择某层，选择"效果 ＞ 模糊与锐化 ＞ 高斯模糊"命令，添加"高斯模糊"效果。

（2）按 E 键，展开效果选项，单击"高斯模糊"效果名称左侧的小三角形按钮 ▶，展开各项具体的参数。

（3）单击"模糊量"选项左侧的"关键帧自动记录器"按钮 ○，如图 6-13 所示，生成 1 个关键帧。

（4）将时间标签移动到另一个时间位置，调整"模糊量"选项的数值，After Effects CS6 将自动生成第 2 个关键帧，如图 6-14 所示。

图 6-13

图 6-14

（5）按数字键盘上的 0 键，预览动画。

2. 在"特效控制台"面板中制作关键帧动画

（1）在"时间线"面板中选择某层，选择"效果 ＞ 模糊与锐化 ＞ 高斯模糊"命令，添加"高斯模糊"效果。

（2）在"特效控制台"面板中，单击"模糊量"选项左侧的"关键帧自动记录器"按钮 ○，如图
6-15 所示；或在按住 Alt 键的同时，单击"模糊量"选项的名称，
生成第 1 个关键帧。

（3）将时间标签移动到另一个时间位置，在"特效控制台"
面板中，调整"模糊量"选项的数值，After Effects CS6 将自动
生成第 2 个关键帧。

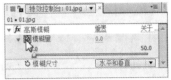

图 6-15

6.1.4　应用动画预置

在应用动画预置时，在操作之前必须确定时间标签所处的时间位置，因为动画预置如果包含动画
信息，则系统将会以当前时间标签所处的时间位置作为动画的起始点。"效果和预置"面板如图 6-16
所示，应用动画预置后的"时间线"面板如图 6-17 所示。

图 6-16

图 6-17

6.2　模糊与锐化

应用"模糊与锐化"效果可以使图像变得模糊或清晰。模糊效果是最常应用的效果之一，也是一
种简便易行的用来改变画面视觉效果的途径。动态的画面要求"虚实结合"，这样即使是平面的合成，
也能给人空间感和对比感，甚至让人产生联想。同时，还可以通过应用模糊效果来提升画面的质量，
有时很粗糙的画面经过模糊处理后也会呈现出良好的效果。

6.2.1　课堂案例——闪白效果

◎ **案例学习目标**　　学习使用多种模糊效果。

☆ **案例知识要点**

使用"导入"命令导入素材；使用"快速模糊"命令、"色阶"命令制作图像闪白效果；使用"阴

影"命令制作文字的投影效果；使用"特效预置"命令制作文字动画特效。闪白效果如图 6-18 所示。

💡 **效果所在位置**　　云盘\Ch06\闪白效果\闪白效果. aep。

图 6-18

扫码观看
本案例视频

扫码查看
扩展案例

1. 导入素材

（1）按 Ctrl+N 组合键，弹出"图像合成设置"对话框，在"合成组名称"文本框中输入"闪白效果"，其他选项的设置如图 6-19 所示，单击"确定"按钮，即可创建一个新的合成"闪白效果"。

（2）选择"文件 > 导入 > 文件"命令，在弹出的"导入文件"对话框中，选择云盘中的"Ch06\闪白效果\ (Footage) \ 01.jpg ~ 07.jpg"共 7 个文件，单击"打开"按钮，图片将被导入"项目"面板中，如图 6-20 所示。

（3）在"项目"面板中，选中"01.jpg" ~ "05.jpg"文件，并将其拖曳到"时间线"面板中，层的排列顺序如图 6-21 所示。将时间标签放置在 3s 的位置，如图 6-22 所示。

图 6-19

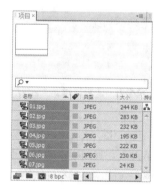

图 6-20

图 6-21　　　　　　　　　　　　　　　图 6-22

（4）选中"01.jpg"层，按 Alt+] 组合键，设置该层的出点，"时间线"面板如图 6-23 所示。用相同的方法分别设置"03.jpg""04.jpg"和"05.jpg"层的出点，"时间线"面板如图 6-24 所示。

图 6-23

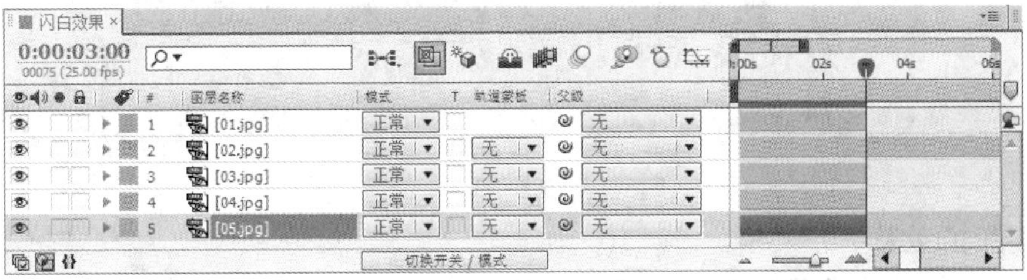

图 6-24

（5）将时间标签放置在 4s 的位置，如图 6-25 所示。选中"02.jpg"层，按 Alt+] 组合键，设置该层的出点，"时间线"面板如图 6-26 所示。

图 6-25

图 6-26

（6）在"时间线"面板中选中"01.jpg"层，在按住 Shift 键的同时选中"05.jpg"层，这两层及这两层之间的层将一起被选中。选择"动画 > 关键帧辅助 > 序列图层"命令，弹出"序列图层"对话框，取消勾选"重叠"复选框，如图 6-27 所示，单击"确定"按钮，每个层将依次排序，首尾相接，如图 6-28 所示。

图 6-27   图 6-28

（7）选择"图层 > 新建 > 调节层"命令，在"时间线"面板中新增一个调节层，如图 6-29 所示。

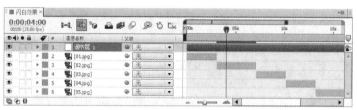

图 6-29

2. 制作闪白效果

（1）选中"调节层 1"层，选择"效果 > 模糊与锐化 > 快速模糊"命令，在"特效控制台"面板中进行参数设置，如图 6-30 所示。"合成"预览窗口中的效果如图 6-31 所示。

图 6-30   图 6-31

（2）选择"效果 > 色彩校正 > 色阶"命令，在"特效控制台"面板中进行参数设置，如图 6-32 所示。"合成"预览窗口中的效果如图 6-33 所示。

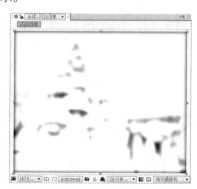

图 6-32   图 6-33

（3）将时间标签放置在 0s 的位置，在"特效控制台"面板中，单击"快速模糊"效果中的"模糊量"选项和"色阶"效果中的"柱形图"选项左侧的"关键帧自动记录器"按钮 ○，如图 6-34 所示，记录第 1 个关键帧。

（4）将时间标签放置在 0s 6 帧的位置，在"特效控制台"面板中，设置"模糊量"选项的数值为 0.0，"输入白色"选项的数值为 255.0，如图 6-35 所示，记录第 2 个关键帧。"合成"预览窗口中的效果如图 6-36 所示。

图 6-34

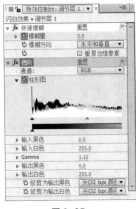

图 6-35

图 6-36

（5）将时间标签放置在 2s 4 帧的位置，按 U 键展开所有关键帧。单击"时间线"面板中"模糊量"选项和"柱形图"选项左侧的"在当前时间添加或移除关键帧"按钮 ◇，记录第 3 个关键帧，如图 6-37 所示。

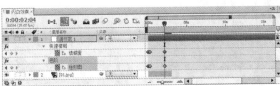

图 6-37

（6）将时间标签放置在 2s 14 帧的位置，在"特效控制台"面板中，设置"模糊量"选项的数值为 7.0，"输入白色"选项的数值为 94.0，如图 6-38 所示，记录第 4 个关键帧。"合成"预览窗口中的效果如图 6-39 所示。

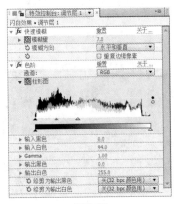

图 6-38

图 6-39

（7）将时间标签放置在 3s 8 帧的位置，在"特效控制台"面板中，设置"模糊量"选项的数值为 20.0，"输入白色"选项的数值为 58.0，如图 6-40 所示，记录第 5 个关键帧。"合成"预览窗口中的效果如图 6-41 所示。

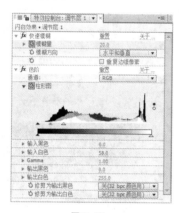

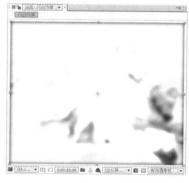

图 6-40   图 6-41

（8）将时间标签放置在 3s 18 帧的位置，在"特效控制台"面板中，设置"模糊量"选项的数值为 0.0，"输入白色"选项的数值为 255.0，如图 6-42 所示，记录第 6 个关键帧。"合成"预览窗口中的效果如图 6-43 所示。

（9）至此，已完成第 1 段素材与第 2 段素材之间的闪白效果的制作。用同样的方法制作其他素材之间的的闪白效果，制作完成后的"时间线"面板如图 6-44 所示。

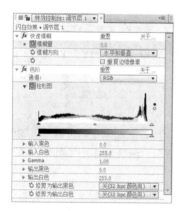

图 6-42   图 6-43

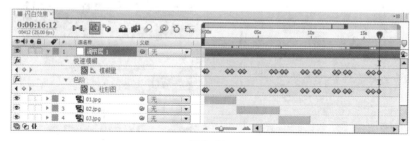

图 6-44

3. 编辑文字

（1）在"项目"面板中，选中"06.jpg"文件并将其拖曳到"时间线"面板中，此时层的排列顺序如图6-45所示。将时间标签放置在15s 23帧的位置，按Alt+ [组合键，设置层的入点，"时间线"面板如图6-46所示。

图6-45

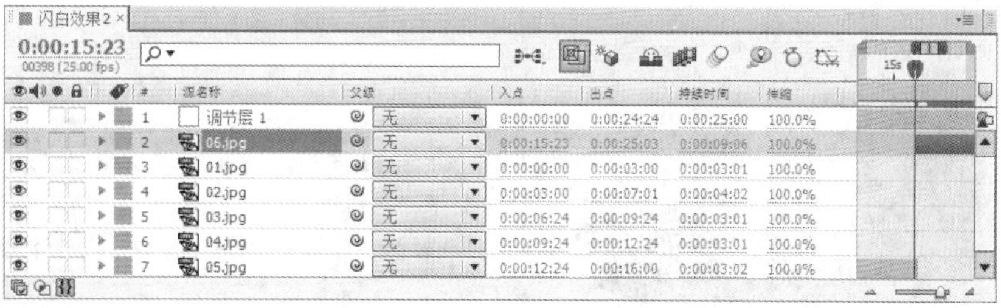

图6-46

（2）将时间标签放置在20s的位置，选择"横排文字"工具 T，在"合成"预览窗口中输入文字"数码摄影欣赏"。选中文字，在"文字"面板中设置"填充色"为青绿色（其R、G、B的值分别为76、244、255），在"段落"面板中设置对齐方式为文字居中，其他参数的设置如图6-47所示。"合成"预览窗口中的效果如图6-48所示。

图6-47

图6-48

（3）选中文字层，把该层拖曳到"调节层1"的下面，选择"效果 > 透视 > 阴影"命令，在"特效控制台"面板中进行参数设置，如图6-49所示。"合成"预览窗口中的效果如图6-50所示。

图6-49

图6-50

（4）将时间标签放置在 16s 16 帧的位置，选择"窗口 > 效果和预置"命令，打开"效果和预置"面板，展开"动画预置"选项，双击"Text > Animate In > Smooth Move In"选项，文字层中会自动添加动画。"合成"预览窗口中的效果如图 6-51 所示。

（5）在"时间线"面板中选择文字层，按 U 键展开所有关键帧，可以看到"Smooth Move In"动画的关键帧，如图 6-52 所示。

图 6-51

图 6-52

（6）在"项目"面板中，选中"07.jpg"文件并将其拖曳到"时间线"面板中，设置该层的模式为"屏幕"，此时"时间线"面板中层的排列顺序如图 6-53 所示。将时间标签放置在 18s 13 帧的位置，选中"07.jpg"层，按 Alt+ [组合键，设置该层的入点，此时"时间线"面板如图 6-54 所示。

图 6-53

图 6-54

（7）选中"07.jpg"层，按 P 键，展开"位置"属性，设置"位置"选项的数值为 800.0，308.0，单击"位置"选项左侧的"关键帧自动记录器"按钮，如图 6-55 所示，记录第 1 个关键帧。将时间标签放置在 20s 的位置，设置"位置"选项的数值为-80.0，308.0，如图 6-56 所示，记录第 2 个关键帧。

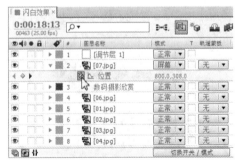

图 6-55

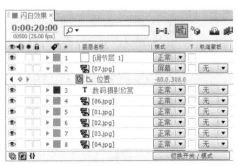

图 6-56

（8）选中"07.jpg"层，按 Ctrl+D 组合键复制图层，按 U 键展开所有关键帧；将时间标签放置在 18s13 帧的位置，设置"位置"选项的数值为-80.0，308.0，如图 6-57 所示；将时间标签放置在 20s 的位置，设置"位置"选项的数值为 800.0，308.0，如图 6-58 所示。

图 6-57 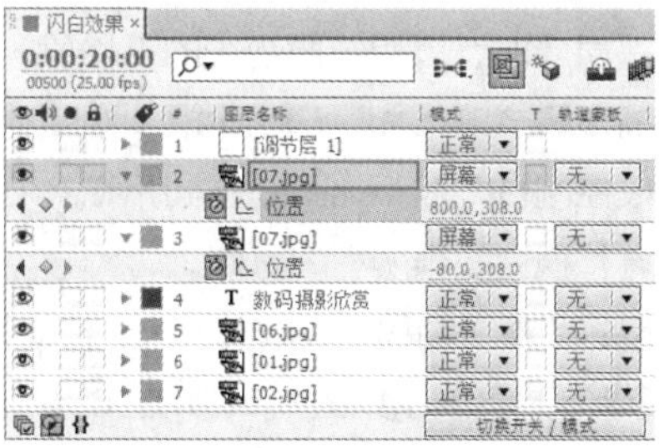　　　　　　　　　　　　图 6-58

（9）闪白效果制作完成，如图 6-59 所示。

图 6-59

6.2.2　高斯模糊

"高斯模糊"效果用于模糊和柔化图像，还可以用来去除杂点。应用"高斯模糊"效果能产生更细腻的模糊效果，尤其是在单独使用该效果的时候。该效果的"特效控制台"面板如图 6-60 所示。

模糊量： 调整图像的模糊程度。

模糊尺寸： 设置模糊的方式，包括水平、垂直、水平和垂直 3 种模糊方式。

图 6-60

"高斯模糊"效果演示如图 6-61 ~ 图 6-63 所示。

图 6-61　　　　　　　　　　　图 6-62　　　　　　　　　　　图 6-63

6.2.3 方向模糊

"方向模糊"效果也称为"定向模糊"效果，这是一种十分
具有动感的模糊效果，应用该效果可以在任何方向上产生动感。
当图层为草稿质量时，应用图像边缘的平均值；为最高质量的
时候，应用高斯模式的模糊，产生平滑、渐变的模糊效果。该
效果的"特效控制台"面板如图 6-64 所示。

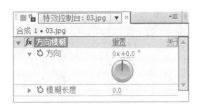

图 6-64

方向：调整模糊效果所在的方向。

模糊长度：调整模糊程度，数值越大，模糊程度也就越高。

"方向模糊"效果演示如图 6-65 ~ 图 6-67 所示。

图 6-65

图 6-66

图 6-67

6.2.4 径向模糊

应用"径向模糊"效果可以在层中围绕特定点为图像增加移动或
旋转的模糊效果。"径向模糊"效果的参数设置如图 6-68 所示。

模糊量：控制图像的模糊程度。在旋转类型下模糊量表示旋转模
糊程度，而在缩放类型下模糊量表示缩放模糊程度。

中心：调整模糊效果的中心点所在的位置。可以在单击按钮 ⬦ 后
在"合成"预览窗口中指定中心点所在的位置。

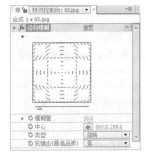

图 6-68

类型：设置模糊类型，包括旋转和缩放两种模糊类型。

抗锯齿：该选项只在图像为最高品质时起作用。

"径向模糊"效果演示如图 6-69 ~ 图 6-71 所示。

图 6-69

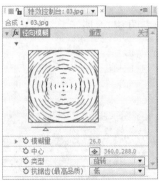

图 6-70

图 6-71

6.2.5 快速模糊

"快速模糊"效果用于设置图像的模糊程度,它和"高斯模糊"效果十分类似,但是在大面积应用的时候它的实现速度更快、效果更明显。该效果的"特效控制台"面板如图6-72所示。

图6-72

模糊量:设置模糊程度。

模糊方向:设置模糊方向,包括水平和垂直、水平、垂直3种方式。

重复边缘像素:勾选此复选框,可让边缘保持清晰。

"快速模糊"效果演示如图6-73~图6-75所示。

图6-73   图6-74   图6-75

6.2.6 锐化

"锐化"效果用于锐化图像,即在图像颜色发生变化的地方提高颜色的对比度。该效果的"特效控制台"面板如图6-76所示。

锐化量:设置锐化的程度。

"锐化"效果演示如图6-77~图6-79所示。

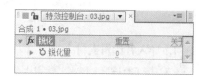

图6-76

图6-77   图6-78   图6-79

6.3 色彩校正

在视频制作的过程中,对于画面颜色的处理是一项很重要的工作,有时直接影响视频的效果。"色彩校正"效果组中的众多效果既可以用来对色彩不恰当的画面进行修正,也可以对色彩恰当的画面进行调节，使其更加美观。

6.3.1 课堂案例——水墨画效果

◎ **案例学习目标**　学习使用用于调整图像的"色相位/饱和度""曲线"命令。

☆ **案例知识要点**

使用"查找边缘"命令、"色相位/饱和度"命令、"曲线"命令、"高斯模糊"命令，制作水墨画效果。水墨画效果如图 6-80 所示。

✛ **效果所在位置**　云盘\Ch06\水墨画效果\水墨画效果.aep。

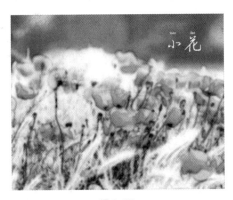

扫码观看　　　扫码查看
本案例视频　　扩展案例

图 6-80

1. 导入并编辑素材

（1）按 Ctrl+N 组合键，弹出"图像合成设置"对话框，在"合成组名称"文本框中输入"水墨画效果"，其他选项的设置如图 6-81 所示，单击"确定"按钮，即可创建一个新的合成"水墨画效果"。

（2）选择"文件 > 导入 > 文件"命令，在弹出的"导入文件"对话框中，选择云盘中的"Ch06 \ 水墨画效果\ (Footage) \ 01.jpg、02.png"文件，单击"打开"按钮，图片将被导入"项目"面板中，如图 6-82 所示。

图 6-81

图 6-82

（3）在"项目"面板中，选中"01.jpg"文件并将其拖曳到"时间线"面板中，如图 6-83 所示。按 Ctrl+D 组合键复制该层，单击复制的层左侧的"眼睛"按钮 👁，关闭该层的可视性，如图 6-84 所示。

图 6-83

图 6-84

（4）选中图层 2，选择"效果 > 风格化 > 查找边缘"命令，在"特效控制台"面板中进行参数设置，如图 6-85 所示。"合成"预览窗口中的效果如图 6-86 所示。

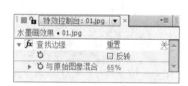

图 6-85

图 6-86

（5）选择"效果 > 色彩校正 > 色相位/饱和度"命令，在"特效控制台"面板中进行参数设置，如图 6-87 所示。"合成"预览窗口中的效果如图 6-88 所示。

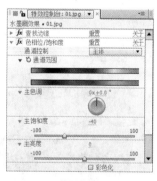

图 6-87

图 6-88

（6）选择"效果 > 色彩校正 > 曲线"命令，在"特效控制台"面板中调整曲线，如图 6-89 所示。"合成"预览窗口中的效果如图 6-90 所示。

（7）选择"效果 > 模糊与锐化 > 高斯模糊"命令，在"特效控制台"面板中进行参数设置，如图 6-91 所示。"合成"预览窗口中的效果如图 6-92 所示。

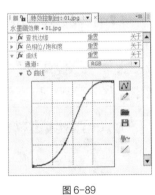

图 6-89

图 6-90

图 6-91

图 6-92

2. 制作水墨画效果

（1）在"时间线"面板中，单击图层 1 左侧的"眼睛"按钮 ，打开该层的可视性。按 T 键，展开"透明度"属性，设置"透明度"选项的数值为 70％，同时设置该图层的混合模式为"正片叠底"，如图 6-93 所示。"合成"预览窗口中的效果如图 6-94 所示。

图 6-93

图 6-94

（2）选择"效果 > 风格化 > 查找边缘"命令，在"特效控制台"面板中进行参数设置，如图 6-95 所示。"合成"预览窗口中的效果如图 6-96 所示。

图 6-95　　　　　　　　　　　　　　　图 6-96

（3）选择"效果 > 色彩校正 > 色相位/饱和度"命令，在"特效控制台"面板中进行参数设置，如图 6-97 所示。"合成"预览窗口中的效果如图 6-98 所示。

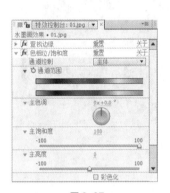

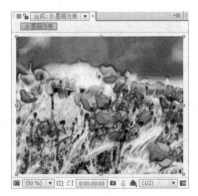

图 6-97　　　　　　　　　　　　　　图 6-98

（4）选择"效果 > 色彩校正 > 曲线"命令，在"特效控制台"面板中调整曲线，如图 6-99 所示。"合成"预览窗口中的效果如图 6-100 所示。

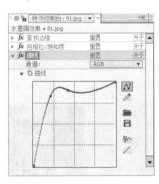

图 6-99　　　　　　　　　　　　　　图 6-100

（5）选择"效果 > 模糊与锐化 > 快速模糊"命令，在"特效控制台"面板中进行参数设置，如图 6-101 所示。"合成"预览窗口中的效果如图 6-102 所示。

图6-101

图6-102

（6）在"项目"面板中，选中"02.png"文件并将其拖曳到"时间线"面板中，如图6-103所示。水墨画效果制作完成，如图6-104所示。

图6-103

图6-104

6.3.2 亮度与对比度

"亮度与对比度"效果用于调整画面的亮度和对比度。应用该效果可以同时调整整个画面的亮部、暗部和中间色调，操作简单且有效，但不能对单一通道进行调节。该效果的"特效控制台"面板如图6-105所示。

图6-105

亮度：调整亮度值，正值表示提高亮度，负值表示降低亮度。

对比度：调整对比度值，正值表示提高对比度，负值表示降低对比度。

"亮度与对比度"效果演示如图6-106～图6-108所示。

图6-106

图6-107

图6-108

6.3.3　曲线

"曲线"效果用于调整图像的色调曲线。After Effects CS6 中的曲线控制功能与 Photoshop 中的曲线控制功能类似，可对图像的各个通道进行控制，并调节图像的色调范围，还可以用范围为 0~255 的灰阶来调节颜色。用"色阶"效果也可以完成同样的工作，但是"曲线"效果的控制能力更强。曲线是 After Effects CS6 中一个非常重要的调色工具。

After Effects CS6 可通过坐标来调整曲线。图 6-109 中的水平坐标代表原始亮度值，垂直坐标代表输出亮度值。可以通过移动曲线上的控制点来调整曲线。任何曲线的 Gamma 值均表示原始亮度值和输出亮度值的比值。向上移动控制点可减小 Gamma 值，向下移动控制点可增大 Gamma 值，Gamma 值决定了影响中间色调的对比度。

在"特效控制台"面板中，可以调整图像的阴影区域、中间色调区域和高亮区域。

通道：选择进行调控的通道，包括 RGB、红、绿、蓝和 Alpha 通道。可以同时调节图像的 RGB 通道，也可以单独调节红、绿、蓝或 Alpha 通道。

曲线：调整 Gamma 值，即原始亮度值和输出亮度值的比值。

曲线工具 ：选中曲线工具并单击曲线，可以在曲线上增加控制点。如果要删除控制点，可在曲线上选中要删除的控制点，再将其拖曳至坐标区域外即可。在坐标区域内拖曳控制点，可对曲线进行编辑。

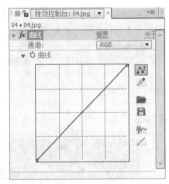

图 6-109

铅笔工具 ：选中铅笔工具，可通过拖曳在坐标区域中绘制一条曲线。

平滑工具 ：使用平滑工具，可以使曲线变得平滑。

直线工具 ：可以将坐标区域中的曲线恢复为直线。

存储工具 ：可以将调节后的曲线存储为一个扩展名为".amp"或".acv"的文件，以供再次使用。

打开工具 ：可以打开已存储的曲线文件。

6.3.4　色相位/饱和度

"色相位/饱和度"效果用于调整图像的色调、饱和度和亮度。该效果和"色彩平衡"效果一样，但它利用颜色控制轮盘来进行控制，该效果的"特效控制台"面板如图 6-110 所示。

通道控制：选择颜色通道。如果选择主体，则对所有颜色应用效果，而如果选择红、黄、绿、青、蓝或品红通道，则对所选颜色应用效果。

通道范围：显示颜色映射的谱线，用于控制通道范围。上面的色条表示调节前的颜色，下面的色条表示在满饱和度下进行调节来影响整个色调。当对单独的通道进行调节时，下面的色条上会显示控制滑块，拖曳长方形可调节颜色范围，拖曳三角形可调

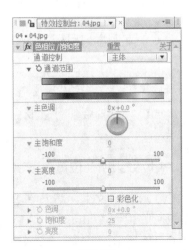

图 6-110

整羽化量。

　　主色调：控制所调节的颜色通道的色调，可利用颜色控制轮盘来改变整体的色调。

　　主饱和度：调整主饱和度。通过调节滑块，控制所调节的颜色通道的饱和度。

　　主亮度：调整主亮度。通过调节滑块，控制所调节的颜色通道的亮度。

　　彩色化：为图像赋予一个色调值，可以将灰阶图转换为带有色调的双色图。

　　色调：通过颜色控制轮盘，控制图像彩色化后的色调。

　　饱和度：通过调节滑块，控制图像彩色化后的饱和度。

　　亮度：通过调节滑块，控制图像彩色化后的亮度。

> 　　**提示**："色相位/饱和度"效果是 After Effects CS6 中一个非常重要的调色工具，应用该效果可以很方便地更改对象的色相属性。在调节颜色的过程中，可以使用颜色控制轮盘来预测对一种颜色的更改是如何影响其他颜色的，并了解这些更改如何在 RGB 色彩模式间转换。

　　"色相位/饱和度"效果演示如图 6-111 ~ 图 6-113 所示。

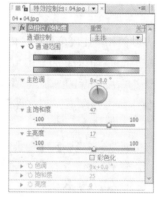

　　　图 6-111　　　　　　　　　　　图 6-112　　　　　　　　　图 6-113

6.3.5　课堂案例——修复逆光照片

　◎ **案例学习目标**　学习使用"色阶"效果。

　⎙ **案例知识要点**

　　使用"导入"命令导入素材；使用"色阶"命令调整图像的亮度。修复逆光照片效果如图 6-114 所示。

　⊕ **效果所在位置**　云盘\Ch06\修复逆光照片\修复逆光照片.aep。

　　（1）选择"文件 > 导入 > 文件"命令，在弹出的"导入文件"对话框中，选择云盘中的"Ch06 \ 修复逆光照片 \ (Footage) \ 01.jpg"文件，单击"打开"按钮，图片将被导入"项目"面板中，如图 6-115 所示。在"项目"面板中，选中"01.jpg"文件并将其拖曳到下方的"新建合成"按钮 上，如图 6-116 所示，松开鼠标左键，即可自动创建一个合成。

图 6-114

扫码观看
本案例视频

扫码查看
扩展案例

图 6-115

图 6-116

（2）在"时间线"面板中，按 Ctrl+K 组合键，弹出"图像合成设置"对话框，在"合成组名称"文本框中输入"修复逆光照片"，单击"确定"按钮，即可将该合成命名为"修复逆光照片"，如图 6-117 所示。"合成"预览窗口中的效果如图 6-118 所示。

图 6-117

图 6-118

（3）选中"01.jpg"层，选择"效果 > 色彩校正 > 色阶"命令，在"特效控制台"面板中进行参数设置，如图 6-119 所示。修复逆光照片效果制作完成，如图 6-120 所示。

图 6-119   图 6-120

6.3.6 色彩平衡

"色彩平衡"效果用于调整图像的色彩平衡，通过对图像的红、绿、蓝通道分别进行调节，可调节颜色在阴影范围、中值范围和高光范围内的强度。该效果的"特效控制台"面板如图 6-121 所示。

阴影红色/绿色/蓝色平衡： 用于调整 RGB 彩色在阴影范围内的平衡。

中值红色/绿色/蓝色平衡： 用于调整 RGB 彩色在中值范围内的平衡。

高光红色/绿色/蓝色平衡： 用于调整 RGB 彩色在高光范围内的平衡。

图 6-121

保持亮度： 通过保持图像的平均亮度来保持图像的整体平衡。

"色彩平衡"效果演示如图 6-122～图 6-124 所示。

图 6-122   图 6-123   图 6-124

6.3.7 色阶

"色阶"效果是一个常用的调色工具，用于将输入的颜色范围映射到输出的颜色范围中，还可以用于改变 Gamma 校正曲线。"色阶"效果主要用于基本的影像质量的调整。该效果的"特效控制台"面板如图 6-125 所示。

通道：选择要进行调控的通道，可以选择 RGB、红、绿、蓝和 Alpha 等通道分别进行调控。

柱形图：可以通过该图了解像素在图像中的分布情况。水平方向表示亮度值，垂直方向表示该亮度值对应的像素值。像素值不会比输入黑色值小，也不会比输入白色值大。

输入黑色：限定输入黑色值的阈值。

输入白色：限定输入白色值的阈值。

Gamma：调整输入值和输出值之间的对比度。

输出黑色：限定输出黑色值的阈值，黑色输出在图下方的灰阶条中。

输出白色：限定输出白色值的阈值，白色输出在图下方的灰阶条中。

"色阶"效果演示如图 6-126 ~ 图 6-128 所示。

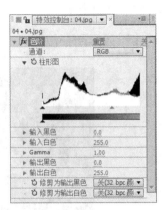

图 6-125

图 6-126

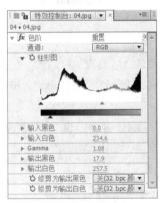

图 6-127

图 6-128

6.4 生成

"生成"效果组包含很多效果，可以用来制作一些原画面中没有的效果，该效果组在制作动画的过程中有着广泛的应用。

6.4.1 课堂案例——动感模糊文字

◎ 案例学习目标　学习使用"镜头光晕"效果。

☆ 案例知识要点

使用"卡片擦除"命令制作动感文字；使用"方向模糊"命令、"色阶"命令、"Shine"命令制作文字发光效果并改变发光颜色；使用"镜头光晕"命令制作"镜头光晕"效果。动感模糊文字效果如图 6-129 所示。

效果所在位置　云盘\Ch06\动感模糊文字\动感模糊文字.aep。

扫码观看
本案例视频

扫码查看
扩展案例

图 6-129

1. 输入文字

（1）按 Ctrl+N 组合键，弹出"图像合成设置"对话框，在"合成组名称"文本框中输入"动感模糊文字"，其他选项的设置如图 6-130 所示，单击"确定"按钮，即可创建一个新的合成"动感模糊文字"。

（2）选择"文件 > 导入 > 文件"命令，在弹出的"导入文件"对话框中，选择云盘中的"Ch06\动感模糊文字\（Footage）\ 01.jpg"文件，单击"打开"按钮，图片将被导入"项目"面板中，如图 6-131 所示，然后再将其拖曳到"时间线"面板中。

图 6-130

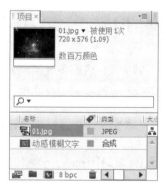

图 6-131

（3）选择"横排文字"工具 T，在"合成"预览窗口中输入文字"远古时代科技"。选中文字，在"文字"面板中，设置"填充色"为白色，其他参数的设置如图 6-132 所示。"合成"预览窗口中的效果如图 6-133 所示。

图 6-132　　　　　　　　　　　　图 6-133

2. 添加文字效果

（1）选中文字层，选择"效果 > 过渡 > 卡片擦除"命令，在"特效控制台"面板中进行参数设置，如图 6-134 所示。"合成"预览窗口中的效果如图 6-135 所示。

（2）将时间标签放置在 0s 的位置，在"特效控制台"面板中，单击"变换完成度"选项左侧的"关键帧自动记录器"按钮 ⏱，如图 6-136 所示，记录第 1 个关键帧。

图 6-134　　　　　　　　　　图 6-135　　　　　　　　　　图 6-136

（3）将时间标签放置在 2s 的位置，在"特效控制台"面板中，设置"变换完成度"选项的数值为 100%，如图 6-137 所示，记录第 2 个关键帧。"合成"预览窗口中的效果如图 6-138 所示。

（4）将时间标签放置在 0s 的位置，在"特效控制台"面板中，展开"摄像机位置"选项，设置"Y 轴旋转"选项的数值为 100x+0.0°，"Z 位置"选项的数值为 1.00；分别单击"摄像机位置"下的"Y 轴旋转"和"Z 位置"，"位置振动"下的"X 振动量"和"Z 振动量"选项左侧的"关键帧自动记录器"按钮 ⏱，如图 6-139 所示。

（5）将时间标签放置在 2s 的位置，设置"Y 轴旋转"选项的数值为 0x+0.0°，"Z 位置"选项的数值为 2.00，"X 振动量"选项的数值为 0.00，"Z 振动量"选项的数值为 0.00，如图 6-140 所示。"合成"预览窗口中的效果如图 6-141 所示。

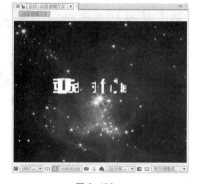

图 6-137　　　　　　　　　　　　图 6-138

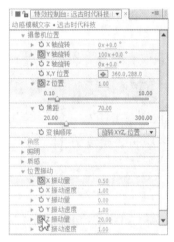

图 6-139　　　　　　　　　图 6-140　　　　　　　　　图 6-141

3. 添加文字动感效果

（1）选中文字层，按 Ctrl+D 组合键复制层，如图 6-142 所示。在"时间线"面板中，设置新复制的层的混合模式为"添加"，如图 6-143 所示。

图 6-142　　　　　　　　　　　　　图 6-143

（2）选中新复制的层，选择"效果 > 模糊与锐化 > 方向模糊"命令，在"特效控制台"面板中进行参数设置，如图 6-144 所示。"合成"预览窗口中的效果如图 6-145 所示。

图 6-144   图 6-145

（3）将时间标签放置在 0s 的位置，在"特效控制台"面板中，单击"模糊长度"选项左侧的"关键帧自动记录器"按钮 🕐，记录第 1 个关键帧。将时间标签放置在 1s 的位置，在"特效控制台"面板中，设置"模糊长度"选项的数值为 100.0，如图 6-146 所示。"合成"预览窗口中的效果如图 6-147 所示。

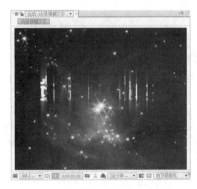

图 6-146   图 6-147

（4）将时间标签放置在 2s 的位置，在"特效控制台"面板中，设置"模糊长度"选项的数值为 100.0。将时间标签放置在 2s5 帧的位置，在"特效控制台"面板中，设置"模糊长度"选项的数值为 150.0，如图 6-148 所示。"合成"预览窗口中的效果如图 6-149 所示。

图 6-148   图 6-149

（5）选择"效果 > 色彩校正 > 色阶"命令，在"特效控制台"面板中进行参数设置，如图 6-150

所示。选择"效果 > Trapcode > Shine"命令，在"特效控制台"面板中进行参数设置，如图 6-151 所示。"合成"预览窗口中的效果如图 6-152 所示。

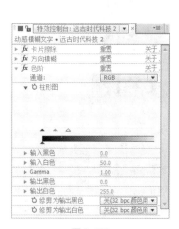

图 6-150 图 6-151 图 6-152

（6）在当前合成中建立一个新的黑色固态层"遮罩"。按 P 键，展开"位置"属性，将时间标签放置在 2s 的位置，设置"位置"选项的数值为 360.0、288.0，单击"位置"选项左侧的"关键帧自动记录器"按钮 ⏱，如图 6-153 所示，记录第 1 个关键帧。将时间标签放置在 3s 的位置，设置"位置"选项的数值为 1080.0，288.0，如图 6-154 所示，记录第 2 个关键帧。

图 6-153 图 6-154

（7）选中图层 2，将该层的"T 轨道蒙版"选项设置为"Alpha 蒙版'遮罩'"，如图 6-155 所示。"合成"预览窗口中的效果如图 6-156 所示。

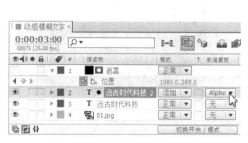

图 6-155 图 6-156

4. 添加"镜头光晕"效果

（1）将时间标签放置在 2s 的位置，在当前合成中建立一个新的黑色固态层"光晕"，如图 6-157 所示。在"时间线"面板中，设置"光晕"层的混合模式为"添加"，如图 6-158 所示。

图 6-157　　　　　　　　　　　　　图 6-158

（2）选中"光晕"层，选择"效果 > 生成 > 镜头光晕"命令，在"特效控制台"面板中进行参数设置，如图 6-159 所示。"合成"预览窗口中的效果如图 6-160 所示。

（3）在"特效控制台"面板中，单击"光晕中心"选项左侧的"关键帧自动记录器"按钮，如图 6-161 所示，记录第 1 个关键帧。将时间标签放置在 3s 的位置，在"特效控制台"面板中，设置"光晕中心"选项的数值为 720.0+288°，如图 6-162 所示，记录第 2 个关键帧。

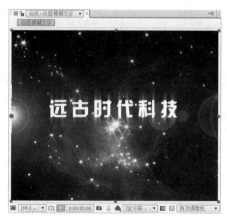

图 6-159　　　　　　　　　　　　　图 6-160

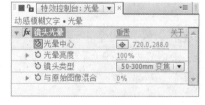

图 6-161　　　　　　　　　　　　　图 6-162

（4）选中"光晕"层，将时间标签放置在 2s 的位置，按 Alt+ [组合键设置入点，如图 6-163 所示；将时间标签放置在 3s 的位置，按 Alt+] 组合键设置出点，如图 6-164 所示。

（5）动感模糊文字效果制作完成，如图 6-165 所示。

图 6-163　　　　　　　　　　　　图 6-164

图 6-165

6.4.2　高级闪电

"高级闪电"效果可以用来模拟真实的闪电和放电效果，并自动设置动画，其参数设置如图 6-166 所示。

闪电类型：设置闪电的种类。

起点：闪电的起始位置。

方向：闪电的结束位置。

传导状态：设置闪电的主干变化。

核心半径：设置闪电主干的宽度。

核心透明度：设置闪电主干的不透明度。

核心颜色：设置闪电主干的颜色。

辉光半径：设置闪电光晕的大小。

辉光透明度：设置闪电光晕的不透明度。

辉光颜色：设置闪电光晕的颜色。

Alpha 障碍：设置闪电障碍的大小。

紊乱：设置闪电的流动变化。

分叉：设置闪电的分叉数量。

衰减：设置闪电的衰减数量。

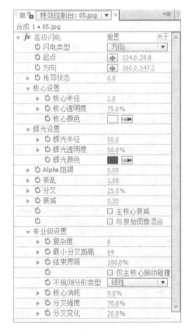

图 6-166

主核心衰减：勾选此复选框可设置闪电的主核心衰减数量。

与原始图像混合：勾选此复选框可以直接针对原始图像设置闪电的衰减数量。

复杂度：设置闪电的复杂程度。

最小分叉距离：分叉之间的距离；值越大，分叉越少。

结束界限：数值较小时闪电更容易终止。

仅主核心振动碰撞：若选中该复选框，则只有主核心会受到 Alpha 障碍的影响，从主核心衍生出的分叉不会受到影响。

不规则分形类型：设置闪电主干的线条样式。

核心消耗：设置闪电主干渐隐结束的效果。

分叉强度：设置闪电分叉的强度。

分叉变化：设置闪电分叉的变化程序。

"高级闪电"效果演示如图 6-167 ~ 图 6-169 所示。

图 6-167

图 6-168

图 6-169

6.4.3　镜头光晕

"镜头光晕"效果可以用来模拟当镜头拍摄发光的物体时，光经过多层镜片所产生的光环效果，这是后期制作中经常用来增强画面效果的工具。该效果的"特效控制台"面板如图 6-170 所示。

光晕中心：设置发光点所在的位置。

光晕亮度：设置光晕的亮度。

图 6-170

镜头类型：选择镜头的类型，包括 50-300mm 变焦、35mm 聚焦和 105mm 聚焦 3 种类型。

与原始图像混合：与原素材图像的混合程度。

"镜头光晕"效果演示如图 6-171 ~ 图 6-173 所示。

图 6-171

图 6-172

图 6-173

6.4.4 课堂案例——透视光芒

◎ **案例学习目标** 学习编辑特效。

☆ **案例知识要点**

使用"蜂巢图案"命令、"亮度与对比度"命令、"快速模糊"命令、"辉光"命令，制作光芒效果；使用"3D 图层"命令编辑透视效果。透视光芒效果如图 6-174 所示。

⊕ **效果所在位置** 云盘\Ch06\透视光芒\透视光芒.aep。

图 6-174

1. 编辑单元格形状

（1）按 Ctrl+N 组合键，弹出"图像合成设置"对话框，在"合成组名称"文本框中输入"透视光芒"，其他选项的设置如图 6-175 所示，单击"确定"按钮，即可创建一个新的合成"透视光芒"。

（2）选择"文件 > 导入 > 文件"命令，在弹出的"导入文件"对话框中，选择云盘中的"Ch06\透视光芒\(Footage)\01.jpg、02.png"文件，单击"打开"按钮即可导入图片。在"项目"面板中选中"01.jpg"文件并将其拖曳到"时间线"面板中，如图 6-176 所示。

图 6-175 图 6-176

（3）选择"图层 > 新建 > 固态层"命令，弹出"固态层设置"对话框，在"名称"文本框中输入"光芒"，将"颜色"设置为黑色，单击"确定"按钮，即可在"时间线"面板中新增一个黑色固态层，如图 6-177 所示。

（4）选中"光芒"层，选择"效果 > 生成 > 蜂巢图案"命令，在"特效控制台"面板中进行参数设置，如图 6-178 所示。"合成"预览窗口中的效果如图 6-179 所示。

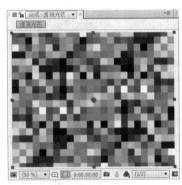

图 6-177   图 6-178   图 6-179

（5）在"特效控制台"面板中，单击"展开"选项左侧的"关键帧自动记录器"按钮 ，如图 6-180 所示，记录第 1 个关键帧。将时间标签放置在 9s24 帧的位置，在"特效控制台"面板中，设置"展开"选项的数值为 7x+0.0°，如图 6-181 所示，记录第 2 个关键帧。

图 6-180   图 6-181

（6）选择"效果 > 色彩校正 > 亮度与对比度"命令，在"特效控制台"面板中进行参数设置，如图 6-182 所示。"合成"预览窗口中的效果如图 6-183 所示。

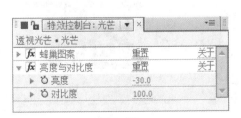

图 6-182   图 6-183

（7）选择"效果 > 模糊与锐化 > 快速模糊"命令，在"特效控制台"面板中进行参数设置，如图 6-184 所示。"合成"预览窗口中的效果如图 6-185 所示。

图 6-184 图 6-185

（8）选择"效果 > 风格化 > 辉光"命令，在"特效控制台"面板中，设置"颜色 A"为黄色（其 R、G、B 的值分别为 255、228、0），"颜色 B"为红色（其 R、G、B 的值分别为 255、0、0），其他参数的设置如图 6-186 所示。"合成"预览窗口中的效果如图 6-187 所示。

图 6-186 图 6-187

2. 添加透视效果

（1）选择"矩形遮罩"工具，在"合成"预览窗口中拖曳鼠标指针绘制一个矩形遮罩。选中"光芒"层，按两次 M 键，展开"遮罩"属性，设置"遮罩透明度"选项的数值为 100%，"遮罩羽化"选项的数值为 233.0，233.0，如图 6-188 所示。"合成"预览窗口中的效果如图 6-189 所示。

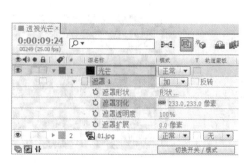

图 6-188 图 6-189

（2）选择"图层 > 新建 > 摄像机"命令，弹出"摄像机设置"对话框，在"名称"文本框中输入"摄像机1"，其他选项的设置如图6-190所示；单击"确定"按钮，即可在"时间线"面板中新增一个摄像机层，如图6-191所示。

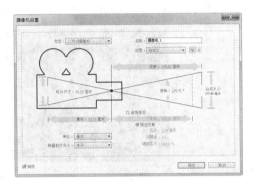

图6-190 图6-191

（3）选中"光芒"层，单击"光芒"层右侧的"3D图层"按钮 ，打开三维属性，展开"变换"选项，如图6-192所示。"合成"预览窗口中的效果如图6-193所示。

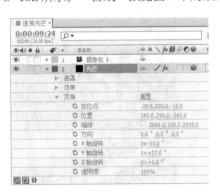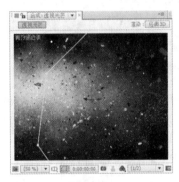

图6-192 图6-193

（4）将时间标签放置在0s的位置，单击"定位点"选项左侧的"关键帧自动记录器"按钮 ，如图6-194所示，记录第1个关键帧。将时间标签放置在9s24帧的位置，设置"定位点"选项的数值为497.7，320.0，-10.0，如图6-195所示，记录第2个关键帧。

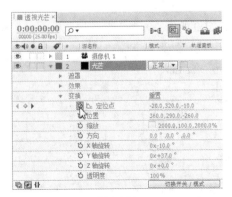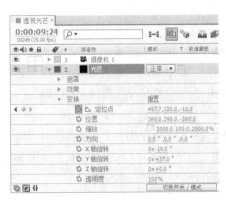

图6-194 图6-195

（5）在"时间线"面板中，设置"光芒"层的混合模式为"线性减淡"，如图 6-196 所示。"合成"预览窗口中的效果如图 6-197 所示。

图 6-196　　　　　　　　　　　　　　　　　　　图 6-197

（6）将时间标签放置在 6s19 帧的位置，在"项目"面板中选中"02.png"文件，并将其拖曳到"时间线"面板中。按 P 键，展开"位置"属性，设置"位置"选项的数值为 315.8，341.5，如图 6-198 所示。透视光芒效果制作完成，如图 6-199 所示。

图 6-198　　　　　　　　　　　　　　　　　　　图 6-199

6.4.5　蜂巢图案

"蜂巢图案"效果可以用来创建多种类型的类似细胞图案的单个图案拼接效果。该效果的"特效控制台"面板如图 6-200 所示。

蜂巢图案：选择图案的类型，包括气泡、结晶、盘面、静盘面、结晶化、枕状、高品质结晶、高品质盘面、高品质静态盘面、高品质结晶化、混合结晶和管状 12 种类型。

反转：反转图案。

对比度：设置各个图案之间的颜色对比度。

溢出：包括修剪、柔和夹住、背面包围 3 种方式。

分散：设置图案的分散程度。

大小：设置单个图案的尺寸。

图 6-200

偏移：设置图案偏离中心点后的位置。

平铺选项：在该选项下勾选"启用平铺"复选框后，可以设置水平单元和垂直单元的数值。

展开：为这个参数设置关键帧，可以记录运动变化的动画效果。

展开选项：设置图案的扩展变化的相关参数。

循环（周期）：设置图案的循环周期。

随机种子：设置图案的随机变化速度。

"蜂巢图案"效果演示如图 6-201~图 6-203 所示。

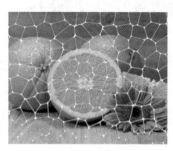

图 6-201　　　　　　　　　　　　图 6-202　　　　　　　　　　　　图 6-203

6.4.6　棋盘

"棋盘"效果可用于在图像上创建类似棋盘格的图案。该效果的"特效控制台"面板如图 6-204 所示。

图 6-204

定位点：设置棋盘的位置。

大小来自：选择棋盘的类型，包括角点、宽度滑块和宽度与高度滑块 3 种类型。

角点：只有在"大小来自"下拉列表中选择"角点"选项，才能激活此选项。

宽：只有在"大小来自"下拉列表中选择"宽度滑块"或"宽度和高度滑块"选项，才能激活此选项。

高度：只有在"大小来自"下拉列表中选择"宽度与高度滑块"选项，才能激活此选项。

羽化：设置棋盘格子的水平或垂直边缘的羽化程度。

颜色：设置格子的颜色。

透明度：设置棋盘的不透明度。

混合模式：设置棋盘与原图像的混合方式。

"棋盘"效果演示如图 6-205 ~ 图 6-207 所示。

图 6-205   图 6-206   图 6-207

6.5   扭曲

"扭曲"效果主要用来对图像进行变形，是一类很重要的画面效果；应用此类效果可以对画面进行校正，还可以为普通的画面添加特殊的效果。

6.5.1   课堂案例——放射光芒

◎ **案例学习目标**   学习使用"扭曲"效果组制作放射的光芒效果。

☆ **案例知识要点**

使用"分形噪波"命令、"方向模糊"命令、"色相位/饱和度"命令、"辉光"命令、"极坐标"命令，制作光芒效果。放射光芒效果如图 6-208 所示。

⊕ **效果所在位置**   云盘\Ch06\放射光芒\放射光芒.aep。

图 6-208

扫码观看   扫码查看
本案例视频   扩展案例

（1）按 Ctrl+N 组合键，弹出"图像合成设置"对话框，在"合成组名称"文本框中输入"放射光芒"，其他选项的设置如图 6-209 所示，单击"确定"按钮，即可创建一个新的合成"放射光芒"。

（2）选择"文件 > 导入 > 文件"命令，在弹出的"导入文件"对话框中，选择云盘中的"Ch06\放射光芒\(Footage)\01.jpg"文件，单击"打开"按钮，即可将图片导入"项目"面板中，如图 6-210 所示。

图 6-209   图 6-210

（3）在"项目"面板中，选中"01.jpg"文件并将其拖曳到"时间线"面板中，如图 6-211 所示。选择"图层 > 新建 > 固态层"命令，弹出"固态层设置"对话框，在"名称"文本框中输入"放射光芒"，将"颜色"设置为黑色，单击"确定"按钮，即可在"时间线"面板中新增一个黑色固态层，如图 6-212 所示。

图 6-211   图 6-212

（4）选中"放射光芒"层，选择"效果 > 杂波与颗粒 > 分形噪波"命令，在"特效控制台"面板中进行参数设置，如图 6-213 所示。"合成"预览窗口中的效果如图 6-214 所示。

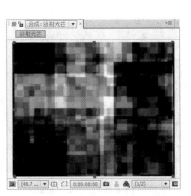

图 6-213   图 6-214

（5）将时间标签放置在 0s 的位置，在"特效控制台"面板中，单击"演变"选项左侧的"关键帧自动记录器"按钮 ⏱，如图 6-215 所示，记录第 1 个关键帧。将时间标签放置在 4s24 帧的位置，在"特效控制台"面板中，设置"演变"选项的数值为 10x+0.0°，如图 6-216 所示，记录第 2 个关键帧。

图 6-215　　　　　　　　　　　　图 6-216

（6）将时间标签放置在 0s 的位置，选中"放射光芒"层，选择"效果 > 模糊与锐化 > 方向模糊"命令，在"特效控制台"面板中进行参数设置，如图 6-217 所示。"合成"预览窗口中的效果如图 6-218 所示。

图 6-217　　　　　　　　　　　　图 6-218

（7）选择"效果 > 色彩校正 > 色相位/饱和度"命令，在"特效控制台"面板中进行参数设置，如图 6-219 所示。"合成"预览窗口中的效果如图 6-220 所示。

图 6-219　　　　　　　　　　　　图 6-220

（8）选择"效果 > 风格化 > 辉光"命令，在"特效控制台"面板中，设置"颜色 A"为浅绿色（其 R、G、B 的值分别为 194、255、201），设置"颜色 B"为绿色（其 R、G、B 的值分别为 0、255、24），其他参数的设置如图 6-221 所示。"合成"预览窗口中的效果如图 6-222 所示。

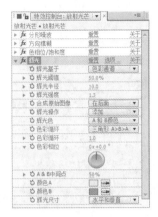
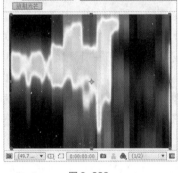

图 6-221　　　　　　　　　　图 6-222

（9）选择"效果 > 扭曲 > 极坐标"命令，在"特效控制台"面板中进行参数设置，如图 6-223 所示。"合成"预览窗口中的效果如图 6-224 所示。

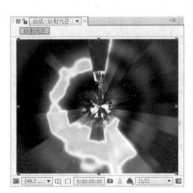

图 6-223　　　　　　　　　　图 6-224

（10）在"时间线"面板中，设置"放射光芒"层的混合模式为"添加"，如图 6-225 所示。放射光芒效果制作完成，如图 6-226 所示。

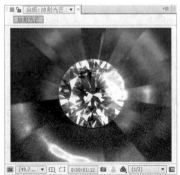

图 6-225　　　　　　　　　　图 6-226

6.5.2 膨胀

"膨胀"效果可以用来模拟透过气泡或放大镜观察图像时所看到的放大效果。该效果的"特效控制台"面板如图 6-227 所示。

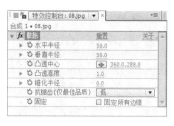

图 6-227

水平半径：设置膨胀效果的水平半径。

垂直平径：设置膨胀效果的垂直半径。

凸透中心：设置膨胀效果的中心定位点。

凸透高度：设置膨胀程度，正值表示膨胀，负值表示收缩。

锥化半径：设置膨胀边界的锐利程度。

抗锯齿（仅最佳品质）：只能用于最高质量的图像。

固定所有边缘：勾选此复选框可固定所有边界。

"膨胀"效果演示如图 6-228 ~ 图 6-230 所示。

图 6-228

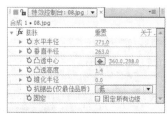

图 6-229

图 6-230

6.5.3 边角固定

"边角固定"效果通过改变 4 个角的位置来使图像变形；可用来拉伸、收缩、倾斜和扭曲图形，也可以用来模拟透视效果，还可以和运动遮罩层相结合，形成画中画的效果。该效果的"特效控制台"面板如图 6-231 所示。

上左：左上角的定位点。

上右：右上角的定位点。

下左：左下角的定位点。

下右：右下角的定位点。

"边角固定"效果演示如图 6-232 所示。

图 6-231

图 6-232

6.5.4　网格弯曲

"网格弯曲"效果使用网格化的曲线来控制图像的变形区域。在确定好网格数量之后，可在"合成"预览窗口中通过拖曳网格的节点来应用"网格弯曲"效果。该效果的"特效控制台"面板如图 6-233 所示。

行：设置网格的行数。

列：设置网格的列数。

品质：弹性设置。

图 6-233

扭曲网格：改变分辨率，在行数或列数发生变化时显示。如果要显示更细微的效果，可以增加行数或列数（即控制节点数）。

"网格弯曲"效果演示如图 6-234 ~ 图 6-236 所示。

图 6-234

图 6-235

图 6-236

6.5.5　极坐标

"极坐标"效果可以将图像的直角坐标转化为极坐标，以产生扭曲效果。该效果的"特效控制台"面板如图 6-237 所示。

插值：设置扭曲程度。

变换类型：设置转换的类型。"极线到矩形"表示将极坐标转化为直角坐标，"矩形到极线"表示将直角坐标转化为极坐标。

图 6-237

"极坐标"效果演示如图 6-238 ~ 图 6-240 所示。

图 6-238

图 6-239

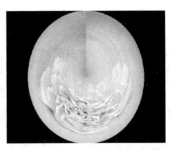

图 6-240

6.5.6　置换映射

"置换映射"效果是指用另一张作为映射层的图像的像素来置换原图像的像素，利用映射层的像素颜色值来使本层变形，变形方向分为水平和垂直两个方向。该效果的"特效控制台"面板如图6-241所示。

映射图层：选择作为映射层的图像。

使用水平垂直置换：选择水平或垂直方向的通道，默认范围为−100~100，最大范围为−32 000~32 000。

最大水平垂直置换：调节映射层的水平或垂直位置。在水平方向上，负数表示向左移动，正数表示向右移动；在垂直方向上，负数表示向下移动，正数表示向上移动。默认范围为−100~100，最大范围为−32 000~32 000。

图6-241

置换映射动作：选择映射方式。

边缘动作：设置边缘行为。

像素包围：锁定边缘像素。

扩展输出：设置效果同时应用于原图像之外的区域。

"置换映射"效果演示如图6-242~图6-244所示。

图6-242　　　　　　　　　　图6-243　　　　　　　　　　图6-244

6.6　杂波与颗粒

"杂波与颗粒"效果可以为素材添加噪波或颗粒效果，也可以分散素材或使素材的形状发生变化。

6.6.1　课堂案例——降噪

◎ **案例学习目标**　　学习使用"杂波与颗粒"效果制作降噪效果。

☆ **案例知识要点**

使用"移除颗粒"命令、"色阶"命令修饰照片；使用"曲线"命令调整图片的色调。降噪效果如图6-245所示。

⊕ **效果所在位置**　　云盘\Ch06\降噪\降噪.aep。

扫码观看
本案例视频

扫码查看
扩展案例

图 6-245

1. 导入图片

（1）选择"文件 ＞ 导入 ＞ 文件"命令，在弹出的"导入文件"对话框中，选择云盘中的"Ch06\
降噪\(Footage)\01.jpg"文件，如图 6-246 所示，单击"打开"按钮即可导入图片。在"项目"面
板中，选中"01.jpg"文件并将其拖曳到"项目"面板下方的"新建合成"按钮 上，如图 6-247
所示，系统将自动创建一个合成。

图 6-246 图 6-247

（2）在"时间线"面板中，按 Ctrl+K 组合键，弹出"图像合成设置"对话框，在"合成组名称"
文本框中输入"降噪"，如图 6-248 所示，单击"确定"按钮，即可将该合成命名为"降噪"。"合
成"预览窗口中的效果如图 6-249 所示。

图 6-248 图 6-249

2. 修复图片

（1）选中"01.jpg"层，选择"效果 > 杂波与颗粒 > 移除颗粒"命令，在"特效控制台"面板中进行参数设置，如图 6-250 所示。"合成"预览窗口中的效果如图 6-251 所示。

图 6-250　　　　　　　　　　　　　　　　　图 6-251

（2）展开"时间线"面板中的"杂波取样点"选项，在其中进行参数设置，如图 6-252 所示。"合成"预览窗口中的效果如图 6-253 所示。

图 6-252　　　　　　　　　　　　　　　　　图 6-253

（3）选中"01.jpg"层，在"特效控制台"面板中的"查看模式"下拉列表中选择"最终输出"命令；展开"杂波减少设置"选项，在"特效控制台"面板中进行参数设置，如图 6-254 所示。"合成"预览窗口中的效果如图 6-255 所示。

图 6-254　　　　　　　　　　　　　　　　　图 6-255

（4）选择"效果 > 色彩校正 > 色阶"命令，在"特效控制台"面板中进行参数设置，如图 6-256 所示。"合成"预览窗口中的效果如图 6-257 所示。

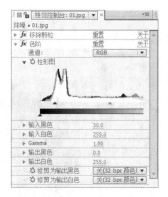

图 6-256　　　　　　　　　　　　　　　图 6-257

（5）选择"效果 > 色彩校正 > 曲线"命令，在"特效控制台"面板中调整曲线，如图 6-258 所示。降噪效果制作完成，如图 6-259 所示。

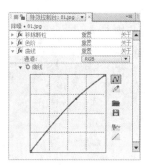

图 6-258　　　　　　　　　　　　　　　图 6-259

6.6.2　分形噪波

"分形噪波"效果可以用来制作烟、云、水流等纹理图案，该效果的"特效控制台"面板如图 6-260 所示。

分形类型：选择分形的类型。

噪波类型：选择噪波的类型。

反转：反转图像的颜色，将黑色和白色反转。

对比度：调节生成的噪波图像的对比度。

亮度：调节生成的噪波图像的亮度。

溢出：设置噪波图像的比例、旋转程度和偏移程度等。

复杂性：设置噪波图像的复杂程度。

附加设置：噪波的分形的相关设置，如附加影响、子缩放等。

图 6-260

演变：控制噪波的分形变化相位。

演变选项：用于控制分形变化的一些设置。

透明度：设置生成的噪波图像的不透明度。

混合模式：设置生成的噪波图像与原图像的叠加模式。

"分形噪波"效果演示如图 6-261 ~ 图 6-263 所示。

图 6-261　　　　　　图 6-262　　　　　　图 6-263

6.6.3　中值

"中值"效果将使用指定的半径范围内的像素的平均值来取代原像素值。如果平均值较小，则该效果可以用来减少画面中的杂点；如果平均值较大，则会产生一种绘画效果。该效果的"特效控制台"面板如图 6-264 所示。

半径：设置指定的半径范围。

在 Alpha 通道上操作：将效果应用于 Alpha 通道。

"中值"效果演示如图 6-265 ~ 图 6-267 所示。

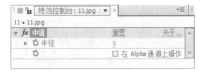

图 6-264

图 6-265　　　　　　图 6-266　　　　　　图 6-267

6.6.4　移除颗粒

"移除颗粒"效果可以用来移除画面中的杂点或颗粒，该效果的"特效控制台"面板如图 6-268 所示。

查看模式：设置查看的模式，包括预览、杂波取样、混合蒙版、最终输出 4 种模式。

预览范围：设置预览区域的大小、位置等。

图 6-268

杂波减少设置：对杂波的相关属性进行设置。

精细调整：对质感、固态色区域等进行设置。

临时过滤：启用或关闭临时过滤。

非锐化遮罩：设置准锐化遮罩的属性。

取样：设置取样方式、采样大小等。

与原始图像混合：设置混合原始图像后的相关属性。

"移除颗粒"效果演示如图 6-269 ～ 图 6-271 所示。

图 6-269

图 6-270

图 6-271

6.7 模拟仿真

"模拟仿真"效果组包括卡片舞蹈、水波世界、泡沫、焦散、碎片和粒子运动等效果，这些效果功能强大，可以用来制作多种逼真的效果，不过其参数项较多，设置也比较复杂。

6.7.1 课堂案例——气泡效果

◎ **案例学习目标**　学习使用粒子空间滤镜来制作气泡。

☆ **案例知识要点**

使用"泡沫"命令，制作气泡并编辑其属性。气泡效果如图 6-272 所示。

⊕ **效果所在位置**　云盘\Ch06\气泡效果\气泡效果.aep。

扫码观看
本案例视频

扫码查看
扩展案例

图 6-272

（1）按 Ctrl+N 组合键，弹出"图像合成设置"对话框，在"合成组名称"文本框中输入"气泡效果"，其他选项的设置如图 6-273 所示，单击"确定"按钮，即可创建一个新的合成"气泡效果"。

（2）选择"文件 > 导入 > 文件"命令，在弹出的"导入文件"对话框中，选择云盘中的"Ch06 \ 气泡效果\ (Footage) \ 01.jpg"文件，单击"打开"按钮，即可将图片导入"项目"面板中，如图 6-274 所示，然后再将其拖曳到"时间线"面板中。选中"01.jpg"层，按 Ctrl+D 组合键复制层，如图 6-275 所示。

图 6-273

图 6-274

图 6-275

（3）选中图层 1，选择"效果 > 模拟仿真 > 泡沫"命令，在"特效控制台"面板中进行参数设置，如图 6-276 所示。

（4）将时间标签放置在 0s 的位置，在"特效控制台"面板中，单击"强度"选项左侧的"关键帧自动记录器"按钮 ◎ ，如图 6-277 所示，记录第 1 个关键帧。将时间标签放置在 4s 24 帧的位置，在"特效控制台"面板中，设置"强度"选项的数值为 0.000，如图 6-278 所示，记录第 2 个关键帧。

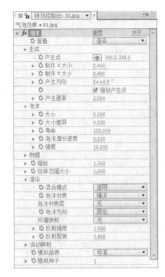

图 6-276   图 6-277   图 6-278

（5）气泡效果制作完成，如图 6-279 所示。

图 6-279

6.7.2 泡沫

"泡沫"效果的"特效控制台"面板如图 6-280 所示。

查看：在该下拉列表中，可以选择查看气泡效果的方式。"草稿"方式以草图模式渲染气泡，虽然不能在该方式下看到气泡的最终效果，但是可以预览气泡的运动方式和状态，该方式的计算速度非常快；为效果指定影响通道后，使用"草稿+流动映射"方式可以看到指定的影响对象；在"渲染"方式下可以预览气泡的最终效果，但是计算速度相对较慢。

生成：设置气泡粒子发射器的相关参数，如图 6-281 所示。

- **产生点**：控制发射器的位置。所有的气泡粒子都由发射器发出。

- **制作 X/Y 大小**：控制发射器的大小。在"草稿"或"草稿+流动映射"方式下预览效果时，可以观察发射器。

- **产生方向**：旋转发射器，使气泡粒子产生旋转效果。

图 6-280 　　　　　　　　　　　图 6-281

- **缩放产生点**：缩放发射器的位置。如不勾选此复选框，则系统默认以发射点为中心缩放发射器的位置。

- **产生速率**：控制发射速度。一般情况下，数值越大，发射速度越快，单位时间内发射的气泡粒子就越多；当数值为 0 时，不发射气泡粒子。发射气泡粒子时，在效果开始的位置，气泡粒子的数目为 0。

- **泡沫**：可对气泡粒子的尺寸、寿命以及强度等进行控制，如图 6-282 所示。

- **大小**：控制气泡粒子的尺寸。数值越大，每个气泡粒子就越大。

- **大小差异**：控制气泡粒子的大小差异。数值越高，每个气泡粒子的大小差异就越大。数值为 0 时，每个气泡粒子最终的大小相同。

- **寿命**：控制每个气泡粒子的生命值。每个气泡粒子在发射产生后，最终都会消失，生命值就是粒子从产生到消失的时间。

- **泡沫增长速度**：控制每个气泡粒子增长的速度，也就是控制气泡粒子从产生到增长为最终大小的时间。

- **强度**：控制气泡粒子的强度。

- **物理**：该参数栏影响气泡粒子的运动，包括初始速度、风速、混乱度及活力等参数，如图 6-283 所示。

图 6-282 　　　　　　　　　　　图 6-283

- **初始速度**：控制气泡粒子的初始速度。

- **初始方向**：控制气泡粒子的初始方向。

- **风速**：控制影响气泡粒子的风速。

- **风向**：控制风的方向。

- **乱流**：控制气泡粒子的混乱度。该数值越大，则气泡粒子越混乱，将同时向四面八方扩散；该数值越小，则气泡粒子的运动越有序越集中。

- **晃动量**：控制气泡粒子的摇摆强度。该数值较大时，气泡粒子会摇摆变形。
- **排斥力**：控制气泡粒子之间的排斥力。数值越大，气泡粒子间的排斥性越强。
- **弹跳速率**：控制气泡粒子的运动速率。
- **粘度**：控制气泡粒子的黏度。数值越小，气泡粒子堆砌得越紧密。
- **粘着性**：控制气泡粒子间的黏着程度。
- **缩放**：对气泡粒子进行缩放。
- **总体范围大小**：该参数控制气泡粒子效果的综合尺寸。在"草图"或者"草图+流动映射"方式下预览效果时，可以观察到综合尺寸的范围框。
- **渲染**：该参数栏控制气泡粒子的渲染属性，如粒子纹理、反射效果等。在该参数栏中设置的效果仅在渲染模式下才能看到。渲染效果参数设置如图 6-284 所示。
- **混合模式**：设置气泡粒子间的融合模式。在"透明"方式下，气泡粒子与气泡粒子间会进行透明叠加。
- **泡沫材质**：可在该下拉列表中选择气泡粒子的材质。
- **泡沫材质层**：除了选择系统自带的气泡粒子的材质外，还可以指定合成图像中的一个层作为气泡粒子的材质。该层可以是一个动画层，气泡粒子将使用其动画材质。注意，只有在"泡沫材质"下拉列表中将气泡粒子材质设置为"Use Defined"才能选择泡沫材质层。
- **泡沫方向**：可在该下拉列表中设置气泡粒子的运动方向；可以使用默认的坐标，也可以使用物理参数来控制方向，还可以根据气泡粒子的运动速率进行控制。
- **环境映射**：所有的气泡粒子都可以反射其周围的环境，可以在该下拉列表中指定气泡粒子的反射层。
- **反射强度**：控制反射的强度。
- **反射聚焦**：控制反射的聚集度。
- **流动映射**：可以在该参数栏中指定一个层来影响气泡粒子效果。在"流动映射"下拉列表中，可以选择将对气泡粒子效果产生影响的目标层。选择目标层后，在"草图+流动映射"方式下可以看到流动映射效果。相关的参数设置如图 6-285 所示。

图 6-284

图 6-285

- **流动映射倾斜度**：控制目标层对气泡粒子的影响程度。
- **流动映射适配**：在该下拉列表中，可以设置参考图的大小，包括屏幕和总体范围两个选项。
- **模拟品质**：在该下拉列表中，可以设置气泡粒子的仿真质量。

"泡沫"效果演示如图 6-286、图 6-287 和图 6-288 所示。

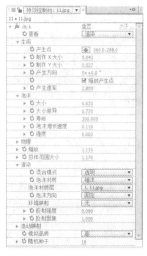

图 6-286　　　　　　　　　图 6-287　　　　　　　　　图 6-288

6.8　风格化

"风格化"效果可以用来模拟一些实际的绘画效果，或为画面添加某种"风格化"效果。

6.8.1　课堂案例——手绘效果

◎ **案例学习目标**　学习使用"浮雕"效果、"查找边缘"效果。

☆ **案例知识要点**

使用"查找边缘"命令、"色阶"命令、"色相位/饱和度"命令、"笔触"命令，制作手绘效果；使用"钢笔"工具绘制遮罩形状。手绘效果如图 6-289 所示。

⊕ **效果所在位置**　云盘\Ch06\手绘效果\手绘效果.aep。

图 6-289

扫码观看
本案例视频

扫码查看
扩展案例

（1）按 Ctrl+N 组合键，弹出"图像合成设置"对话框，在"合成组名称"文本框中输入"手绘效果"，其他选项的设置如图 6-290 所示，单击"确定"按钮，即可创建一个新的合成"手绘效果"。

（2）选择"文件 > 导入 > 文件"命令，在弹出的"导入文件"对话框中，选择云盘中的"Ch06\手绘效果\(Footage)\01.jpg"文件，单击"打开"按钮即可导入图片。在"项目"面板中，选中"01.jpg"文件并将其拖曳到"时间线"面板中，如图 6-291 所示。

图 6-290

图 6-291

（3）选中"01.jpg"层，按 Ctrl+D 组合键复制层，如图 6-292 所示。选择图层 1，按 T 键，展开"透明度"属性，设置"透明度"选项的数值为 70%，如图 6-293 所示。

图 6-292

图 6-293

（4）选择图层 2，选择"效果 > 风格化 > 查找边缘"命令，在"特效控制台"面板中进行参数设置，如图 6-294 所示。"合成"预览窗口中的效果如图 6-295 所示。

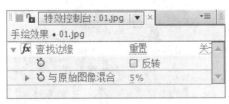

图 6-294

图 6-295

（5）选择"效果 > 色彩校正 > 色阶"命令，在"特效控制台"面板中进行参数设置，如图 6-296 所示。"合成"预览窗口中的效果如图 6-297 所示。

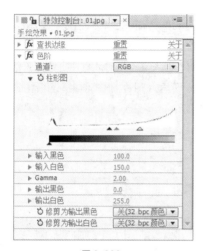

图 6-296

图 6-297

（6）选择"效果 > 色彩校正 > 色相位/饱和度"命令，在"特效控制台"面板中进行参数设置，如图 6-298 所示。"合成"预览窗口中的效果如图 6-299 所示。

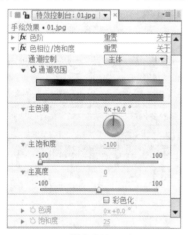

图 6-298

图 6-299

（7）选择"效果 > 风格化 > 笔触"命令，在"特效控制台"面板中进行参数设置，如图 6-300 所示。"合成"预览窗口中的效果如图 6-301 所示。

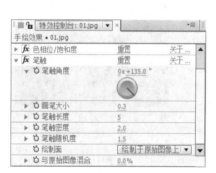

图 6-300

图 6-301

（8）在"项目"面板中，选择"01.jpg"文件并将其拖曳到"时间线"面板中的顶部，如图 6-302 所示。选中图层 1，选择"钢笔"工具 ，在"合成"预览窗口中绘制一个遮罩形状，如图 6-303 所示。

图 6-302

图 6-303

（9）选中图层 1，按 F 键，展开"遮罩羽化"属性，设置"遮罩羽化"选项的数值为 30.0，30.0，如图 6-304 所示。手绘效果制作完成，如图 6-305 所示。

图 6-304

图 6-305

6.8.2　查找边缘

"查找边缘"效果通过强调图像的边缘来产生彩色线条，该效果的"特效控制台"面板如图 6-306 所示。

反转：用于反相勾边结果。

与原始图像混合：设置和原始图像的混合比例。

"查找边缘"效果演示如图 6-307、图 6-308 和图 6-309 所示。

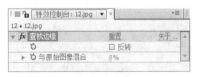

图 6-306

图 6-307

图 6-308

图 6-309

6.8.3　辉光

"辉光"效果经常用于图像中的文字和带有 Alpha 通道的图像，可用来制作发光或光晕效果。该效果的"特效控制台"面板如图 6-310 所示。

辉光基于：设置"辉光"效果基于哪一种通道。

辉光阈值：设置辉光的阈值，将影响辉光的覆盖面。

辉光半径：设置辉光的发光半径。

辉光强度：设置辉光的发光强度，将影响辉光的亮度。

合成原始图像：设置和原始图像的合成方式。

辉光操作：设置辉光的发光模式，类似层模式的选择。

辉光色：设置辉光的颜色。

色彩循环：设置颜色的循环方式。

色彩循环：设置辉光颜色循环的数值。

色彩相位：设置颜色的相位。

A&B 中间点：设置颜色 A 和颜色 B 的中间点的百分比。

颜色 A：选择颜色 A。

颜色 B：选择颜色 B。

图 6-310

辉光尺寸：设置辉光作用的方向，包括水平、垂直、水平和垂直 3 种方向。

"辉光"效果演示如图 6-311 ~ 图 6-313 所示。

图 6-311

图 6-312

图 6-313

6.9 课堂练习——单色保留

☆练习知识要点

使用"曲线"命令、"分色"命令、"色相位/饱和度"命令，调整图片局部的颜色；使用"横排文字"工具输入文字。单色保留效果如图 6-314 所示。

⊕ 效果所在位置　　云盘\Ch06\单色保留\单色保留.aep。

图 6-314

6.10 课后习题——随机线条

☆习题知识要点

使用"分形噪波"命令编辑线条并添加关键帧，制作随机线条动画；使用"模式"选项更改叠加模式。随机线条效果如图 6-315 所示。

⊕ 效果所在位置　　云盘\Ch06\随机线条\随机线条.aep。

图 6-315

第 7 章
跟踪与表达式

本章对 After Effects CS6 中的跟踪与表达式进行了介绍，重点讲解了运动跟踪中的单点跟踪和多点跟踪、与表达式相关的创建表达式和编辑表达式的方法。通过对本章内容的学习，读者可以学会制作自动生成的动画，完成最终的影片效果的制作。

课堂学习目标

- 掌握运动跟踪
- 掌握创建和编辑表达式的方法

7.1　运动跟踪

运动跟踪是对影片中产生运动的物体进行追踪。应用运动跟踪时，合成中至少应该包含两个层：一层为追踪目标层，另一层是连接到追踪点的层。导入影片素材后，在菜单栏中选择"动画 > 运动跟踪"命令即可打开"跟踪"面板，如图 7-1 所示。

图 7-1

7.1.1　课堂案例——单点跟踪

◎ **案例学习目标**　学习使用"单点跟踪"命令。

✐ **案例知识要点**

使用"跟踪"命令添加跟踪点；使用"调节层"命令新建调节层；使用"色阶"命令调整亮度。单点跟踪效果如图 7-2 所示。

✦ **效果所在位置**　云盘\Ch07\单点跟踪\单点跟踪.aep。

图 7-2

扫码观看　　　　扫码查看
本案例视频　　　扩展案例

1. 添加跟踪点

（1）按 Ctrl+N 组合键，弹出"图像合成设置"对话框，在"合成组名称"文本框中输入"单点跟踪"，其他选项的设置如图 7-3 所示，单击"确定"按钮，即可创建一个新的合成"单点跟踪"。选择"文件 > 导入 > 文件"命令，在弹出的"导入文件"对话框中，选择云盘中的"Ch07\单点跟踪\(Footage) \ 01.avi"文件，单击"打开"按钮，即可将视频文件导入"项目"面板中，如图 7-4 所示。

图 7-3

图 7-4

（2）在"项目"面板中，选中"01.avi"文件并将其拖曳到"时间线"面板中，如图 7-5 所示。选择"图层 > 新建 > 空白对象"命令，在"时间线"面板中将新增一个"空白 1"层，如图 7-6 所示。按 S 键，展开"缩放"属性，设置"缩放"选项的数值为 67.0，67.0％，如图 7-7 所示。

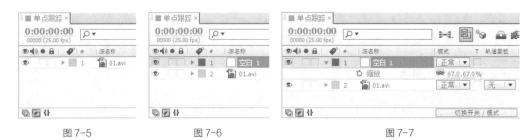

图 7-5　　　　　　　　　　图 7-6　　　　　　　　　　图 7-7

（3）选择"窗口 > 跟踪"命令，打开"跟踪"面板，如图 7-8 所示。选中"01.avi"层，在"跟踪"面板中，单击"追踪运动"按钮，该面板处于激活状态，如图 7-9 所示。"合成"预览窗口中的效果如图 7-10 所示。

图 7-8　　　　　　　　　　图 7-9　　　　　　　　　　图 7-10

（4）拖曳控制点到眼睛的位置，如图 7-11 所示。在"跟踪"面板中单击"向前分析"按钮，系统将自动跟踪计算，如图 7-12 所示。

图 7-11　　　　　　　　　　图 7-12

（5）在"跟踪"面板中单击"应用"按钮，如图 7-13 所示，弹出"动态跟踪应用选项"对话框，单击"确定"按钮，如图 7-14 所示。

（6）选中"01.avi"层，按 U 键展开所有关键帧，可以看到刚才的控制点经过跟踪计算后所产生的一系列关键帧，如图 7-15 所示。

图 7-13

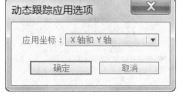

图 7-14

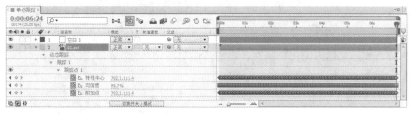

图 7-15

（7）选中"空白 1"层，按 U 键展开所有关键帧，同样可以看到由于跟踪计算所产生的一系列关键帧，如图 7-16 所示。

图 7-16

2. 编辑形状

（1）将时间标签放置在 0s 的位置，选择"图层 > 新建 > 调节层"命令，在"时间线"面板中将新增一个调节层，如图 7-17 所示。选中"调节层 1"层，选择"椭圆形遮罩"工具 ，在"合成"预览窗口中拖曳鼠标指针绘制一个椭圆形遮罩，如图 7-18 所示。

图 7-17

图 7-18

（2）选中"调节层 1"层，选择"效果 > 色彩校正 > 色阶"命令，在"特效控制台"面板中进行参数设置，如图 7-19 所示。"合成"预览窗口中的效果如图 7-20 所示。

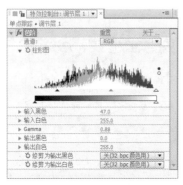

图 7-19   图 7-20

（3）按 F 键，展开"遮罩羽化"属性，设置"遮罩羽化"选项的数值为 60.0，60.0，如图 7-21 所示。"合成"预览窗口中的效果如图 7-22 所示。

图 7-21   图 7-22

（4）选中"调节层 1"层，在"时间线"面板中，设置"父级"选项为"2.空白 1"，如图 7-23 所示。单点跟踪效果制作完成，如图 7-24 所示。

图 7-23   图 7-24

7.1.2　单点跟踪

在制作某些合成效果时，可能需要让某种效果跟踪另外一个物体的运动，从而制作出需要的效果。

例如，动态跟踪通过追踪鱼这一个单独的点的运动轨迹，使调节层与鱼的运动轨迹相同，从而制作出合成效果，如图 7-25 所示。

图 7-25

选择"动画 > 运动跟踪"或"窗口 > 跟踪"命令，打开"跟踪"面板，"图层"预览窗口中将显示当前层。在该面板中设置"追踪类型"为"变换"，可以制作单点跟踪效果。该面板还包括"追踪摄像机""稳定器校正""追踪运动""稳定运动""动态资源""当前追踪""位置""旋转""缩放""设置目标""选项""分析""重置""应用"等选项，若与"图层"预览窗口相结合，则可以制作单点跟踪效果，如图 7-26 所示。

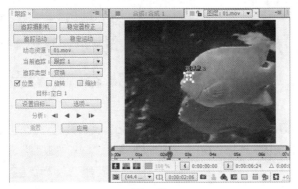

图 7-26

7.1.3 课堂案例——四点跟踪

◎ 案例学习目标　学习使用"多点跟踪"命令制作四点跟踪效果。

☆ 案例知识要点

使用"导入"命令导入视频文件；使用"跟踪"命令添加跟踪点。四点跟踪效果如图 7-27 所示。

⊕ 效果所在位置　云盘\Ch07\四点跟踪\四点跟踪.aep。

图 7-27

扫码观看
本案例视频

（1）按 Ctrl+N 组合键，弹出"图像合成设置"对话框，在"合成组名称"文本框中输入"最终效果"，其他选项的设置如图 7-28 所示，单击"确定"按钮，即可创建一个新的合成"最终效果"。选择"文件 > 导入 > 文件"命令，弹出"导入文件"对话框，选择云盘中的"Ch07 \跟踪对象运动 \ (Footage)\ 01.avi 和 02.jpg"文件，单击"打开"按钮，即可将文件导入"项目"面板中，如图 7-29 所示。

图 7-28　　　　　　　　　　　　　　图 7-29

（2）在"项目"面板中，选择"01.avi"和"02.jpg"文件并将它们拖曳到"时间线"面板中，层的排列顺序如图 7-30 所示。选择"窗口 > 跟踪"命令，打开"跟踪"面板，如图 7-31 所示。

图 7-30　　　　　　　　　　　　　　图 7-31

（3）选中"01.avi"层，在"跟踪"面板中单击"追踪运动"按钮，面板处于激活状态，如图 7-32 所示。"合成"预览窗口中的效果如图 7-33 所示。

图 7-32　　　　　　　　　　　　　　图 7-33

（4）在"跟踪"面板中的"跟踪类型"下拉列表中选择"透视拐点"选项，如图 7-34 所示。"合成"预览窗口中的效果如图 7-35 所示。

图 7-34　　　　　　　　　　　　　　　图 7-35

（5）分别拖曳 4 个控制点到手机屏幕的 4 个角，如图 7-36 所示。在"跟踪"面板中单击"向前分析"按钮，系统将自动跟踪计算，如图 7-37 所示。单击"应用"按钮，如图 7-38 所示。

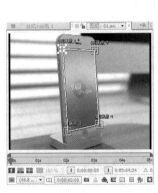

图 7-36　　　　　　　　图 7-37　　　　　　　　图 7-38

（6）选中"01.avi"层，按 U 键展开所有关键帧，可以看到刚才的控制点经过跟踪计算后所产生的一系列关键帧，如图 7-39 所示。

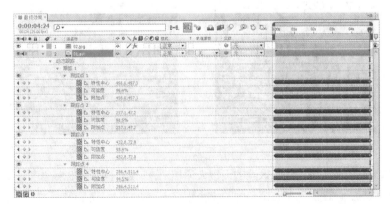

图 7-39

（7）选中"02.jpg"层，按 U 键展开所有关键帧，同样可以看到由于跟踪计算所产生的一系列关键帧，如图 7-40 所示。

图 7-40

（8）四点跟踪效果制作完成，如图 7-41 所示。

图 7-41

7.1.4 多点跟踪

在某些影片的合成过程中，经常需要将动态影片中的某一部分图像置换成其他图像，并产生跟踪效果，例如将一段影片与另一指定的图像进行置换合成。动态跟踪通过追踪标牌上的 4 个点的运动轨迹，使指定的图像与标牌的运动轨迹相同，从而完成置换合成，合成前与合成后的效果分别如图 7-42 和图 7-43 所示。

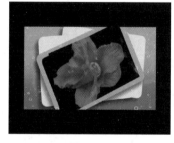

图 7-42   图 7-43

多点跟踪效果的设置与单点跟踪效果的设置大体相同，只是需要将"跟踪类型"设置为"透视拐点"，指定类型以后，"图层"预览窗口中的 1 个跟踪点会变成 4 个跟踪点，如图 7-44 所示。

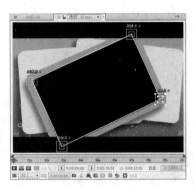

图 7-44

7.2 表达式

表达式可以用来创建层或一个属性的关键帧与另一层或另一个属性的关键帧之间的联系。当需要制作一个复杂的动画，但又不愿意手动创建几十、几百个关键帧时，就可以试着用表达式来完成这项工作。在 After Effects CS6 中如果想要给一个层添加表达式，则需要先给该层添加一个"表达式控制"效果组中的效果，如图 7-45 所示。

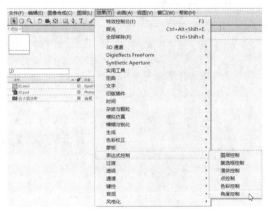

图 7-45

7.2.1 课堂案例——放大镜效果

◎ **案例学习目标** 学习使用表达式制作放大镜效果。

☆ **案例知识要点**

使用"导入"命令导入图片；使用"定位点"工具改变中心点的位置；使用"钢笔"工具，绘制形状；使用"球面化"命令制作放大镜效果。放大镜效果如图 7-46 所示。

⊕ **效果所在位置** 云盘\Ch07\放大镜效果\放大镜效果.aep。

图 7-46

1. 导入图片

（1）按 Ctrl+N 组合键，弹出"图像合成设置"对话框，在"合成组名称"文本框中输入"放大镜效果"，其他选项的设置如图 7-47 所示，单击"确定"按钮，即可创建一个新的合成"放大镜效果"。

（2）选择"导入 > 文件 > 导入"命令，在弹出的"导入文件"对话框中，选择云盘中的"Ch07 \ 放大镜效果\ (Footage)\ 01.psd、02.jpg"文件，单击"打开"按钮，即可将图片导入"项目"面板中，如图 7-48 所示。

图 7-47   图 7-48

（3）在"项目"面板中，选中"01.psd"和"02.jpg"文件并将其拖曳到"时间线"面板中，层的排列顺序如图 7-49 所示。

图 7-49

2. 制作放大镜效果

（1）选中"01.psd"层，按S键展开"缩放"属性，设置"缩放"选项的数值为40.0，40.0%，如图7-50所示。选择"定位点"工具 ，在"合成"预览窗口中调整放大镜的中心点所在的位置，如图7-51所示。

图7-50

图7-51

（2）按P键展开"位置"属性，设置"位置"选项的数值为388.3，177.0，如图7-52所示。将时间标签放置在0s的位置，单击"位置"选项左侧的"关键帧自动记录器"按钮 ，如图7-53所示，记录第1个关键帧。

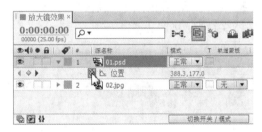

图7-52

图7-53

（3）将时间标签放置在1s 7帧的位置，设置"位置"选项的数值为482.7，240.5，如图7-54所示，记录第2个关键帧。将时间标签放置在2s 14帧的位置，设置"位置"选项的数值为394.7，334.7，如图7-55所示，记录第3个关键帧。

图7-54

图7-55

（4）将时间标签放置在3s 15帧的位置，设置"位置"选项的数值为485.0，329.8，如图7-56所示，记录第4个关键帧。将时间标签放置在4s 24帧的位置，设置"位置"选项的数值为270.8，301.8，如图7-57所示，记录第5个关键帧。

（5）将时间标签放置在0s的位置，如图7-58所示。选中"01.psd"层，按R键，展开"旋转"属性，单击"旋转"选项左侧的"关键帧自动记录器"按钮 ，如图7-59所示，记录第1个关键帧。

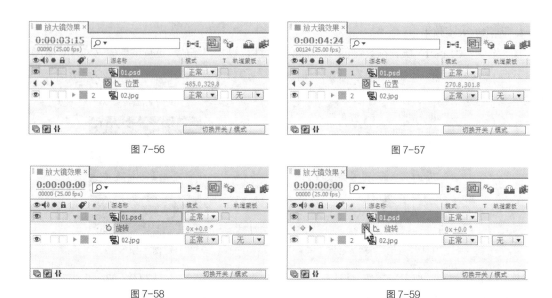

图 7-56   图 7-57

图 7-58   图 7-59

（6）将时间标签放置在 2s 的位置，设置"旋转"选项的数值为 0x+20.0°，记录第 2 个关键帧，如图 7-60 所示。将时间标签放置在 4s24 帧的位置，设置"旋转"选项的数值为 0x+30.0°，记录第 3 个关键帧，如图 7-61 所示。

图 7-60   图 7-61

（7）将时间标签放置在 0s 的位置，选中"02.jpg"层，选择"效果 > 扭曲 > 球面化"命令，在"特效控制台"面板中进行参数设置，如图 7-62 所示。"合成"预览窗口中的效果如图 7-63 所示。

（8）在"时间线"面板中展开"球面化"属性，选中"球体中心"选项，选择"动画 > 添加表达式"命令，为"球体中心"选项添加一个表达式。在"时间线"面板右侧输入表达式代码"thisComp.layer("01.psd").position"，如图 7-64 所示。

图 7-62

图 7-63

图 7-64

（9）放大镜效果制作完成，如图 7-65 所示。

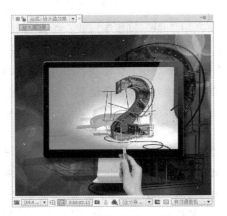

图 7-65

7.2.2　创建表达式

在"时间线"面板中选择一个需要添加表达式的属性，在菜单栏中选择"动画 > 添加表达式"命令激活该属性，如图 7-66 所示。属性被激活后可以在"时间线"面板右侧直接输入表达式覆盖现有的文字，已添加表达式的属性列表中会自动增加"启用开关"按钮、"显示图表"按钮、"表达式拾取"按钮和"语言菜单"按钮等，如图 7-67 所示。

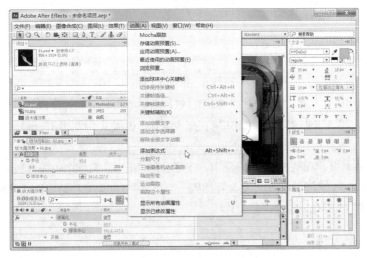

图 7-66

图 7-67

创建、编写表达式的工作都在"时间线"面板中完成。当添加某个属性的表达式到"时间线"面板中时，一个默认的表达式就出现在该属性右侧的表达式编辑区中，在表达式编辑区中可以输入新的表达式或修改已有的表达式。许多表达式与层名和属性名密切相关，如果改变了一个表达式所在层的属性名或层名，那么这个表达式可能产生一个错误的结果。

7.2.3 编写表达式

可以在"时间线"面板中的表达式编辑区中直接编写表达式，也可以通过其他文本工具编写表达式。如果利用其他文本工具编写表达式，只需简单地将表达式复制到表达式编辑区中即可。在编写表达式时，可能需要一些 JavaScript 语法和数学方面的基础知识。

在编写表达式时，需要注意如下事项：JavaScript 语句区分大小写；在一段或一行程序后需要加";"符号，使词间空格被忽略。

在 After Effects CS6 中，可以用表达式访问属性值。访问属性值时，用"."符号将对象连接起来，连接对象在层水平时，例如，连接 Effect、masks、文字动画时，可以用"（）"符号；连接 A 层的"Opacity"属性和 B 层的"高斯模糊"效果的"Blurriness"属性时，可以在层 A 的"Opacity"属性下面输入表达式"thisComp.layer（"layer B"）.effect（"Gaussian Blur"）（"Blurriness"）"。

表达式默认的对象是表达式所对应的属性，接着是层中的内容，因此，没有必要指定属性。例如，如果要为层的"位置"属性添加摆动表达式，则可以用如下两种方法。

- wiggle(5,10)。
- position.wiggle(5,10)。

表达式中可以包含层及其属性。例如，将 B 层的"Opacity"属性与 A 层的"Position"属性相连的表达式为"thisComp.layer(layerA).position[0].wiggle(5,10)"。

给一个属性添加表达式后，可以连续对该属性进行编辑或为其增加关键帧。用于编辑或创建关键帧的数值将在表达式以外的地方被使用。如果存在表达式，也可以手动创建关键帧，表达式仍将保持有效。

编写好表达式后可以存储它以便将来使用，还可以在"记事本"程序中编辑表达式。但是表达式是针对属性而写的，所以不允许简单地将其存储到一个项目中。如果要存储表达式以便用于其他项目，则可能要加注解或将其存储到整个项目文件中。

7.3 课堂练习——跟踪老鹰飞行

☆ 练习知识要点

使用"导入"命令导入视频文件；使用"跟踪"命令进行单点跟踪。跟踪老鹰飞行效果如图 7-68 所示。

💡 效果所在位置　　云盘\Ch07\跟踪老鹰飞行\跟踪老鹰飞行.aep。

扫码观看
本案例视频

图 7-68

7.4 课后习题——跟踪对象运动

☆ 习题知识要点

使用"跟踪"命令编辑多个跟踪点，并改变跟踪点的位置。跟踪对象运动效果如图 7-69 所示。

💡 效果所在位置　　云盘\Ch07\跟踪对象运动\跟踪对象运动.aep。

扫码观看
本案例视频

图 7-69

第8章
抠像

本章对 After Effects CS6 中的抠像功能进行了详细讲解，包括颜色差异抠像、颜色抠像、色彩范围、不光滑差异、吸取抠像、内外抠像、线性颜色抠像、亮度抠像、溢出抑制和外挂抠像等内容。通过对本章的学习，读者可以了解并掌握应用抠像功能进行实际创作的方法。

课堂学习目标

- ✔ 了解抠像效果
- ✔ 掌握外挂抠像的方法

8.1 抠像效果

抠像效果是指先指定一种颜色，然后使与其近似的像素变得透明。此功能相对简单，对于拍摄质量好、背景比较简单的素材有着不错的效果，但是不适合用来处理复杂情况。

8.1.1 课堂案例——抠像效果

◎ **案例学习目标**　学习使用"键控"命令制作抠像效果。

☆ **案例知识要点**

使用"颜色键"命令修复图像；设置"位置"和"缩放"属性编辑图像的位置并缩放图像。抠像效果如图 8-1 所示。

⊕ **效果所在位置**　云盘\Ch08\抠像效果\抠像效果.aep。

（1）按 Ctrl+N 组合键，弹出"图像合成设置"对话框，在"合成组名称"文本框中输入"抠像"，其他选项的设置如图 8-2 所示，单击"确定"按钮，即可创建一个新的合成"抠像"。选择"文件 > 导入 > 文件"命令，在弹出的"导入文件"对话框中，选择云盘中的"Ch08\抠像效果\

(Footage)\01.jpg、02.jpg"文件，如图 8-3 所示，单击"打开"按钮即可导入图片。

图 8-1

扫码观看
本案例视频

扫码查看
扩展案例

图 8-2

图 8-3

（2）在"项目"面板中，选中"01.jpg"文件并将其拖曳到"时间线"面板中，如图 8-4 所示。"合成"预览窗口中的效果如图 8-5 所示。

图 8-4

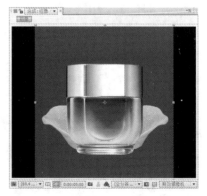

图 8-5

（3）选中"01.jpg"层，选择"效果 > 键控 > 颜色键"命令，选择"键颜色"选项右侧的吸管工具，如图 8-6 所示；吸取背景素材上的蓝色，如图 8-7 所示。"合成"预览窗口中的效果如图 8-8 所示。

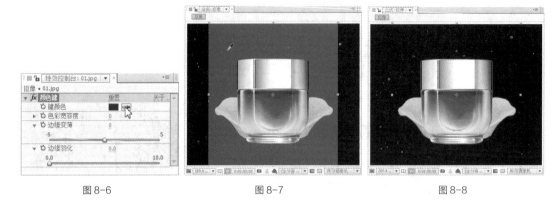

图 8-6　　　　　　　　　　　图 8-7　　　　　　　　　　　图 8-8

（4）选中"01.jpg"层，在"特效控制台"面板中进行参数设置，如图 8-9 所示。"合成"预览
窗口中的效果如图 8-10 所示。

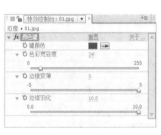

图 8-9　　　　　　　　　　　　　　　　图 8-10

（5）按 Ctrl+N 组合键，弹出"图像合成设置"对话框，在"合成组名称"文本框中输入"抠像
效果"，其他选项的设置如图 8-11 所示，单击"确定"按钮，即可创建一个新的合成"抠像效果"。
在"项目"面板中，选择"02.jpg"文件并将其拖曳到"时间线"面板中，如图 8-12 所示。

图 8-11　　　　　　　　　　　　图 8-12

（6）在"项目"面板中，选中"抠像"合成并将其拖曳到"时间线"面板中，如图 8-13 所示。"合成"预览窗口中的效果如图 8-14 所示。

图 8-13

图 8-14

（7）选中"抠像"层，按 S 键展开"缩放"属性，设置"缩放"选项的数值为 76.0，76.0%，如图 8-15 所示。"合成"预览窗口中的效果如图 8-16 所示。

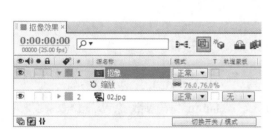

图 8-15

图 8-16

（8）选中"抠像"层，按 P 键展开"位置"属性，设置"位置"选项的数值为 356.6，349.1，如图 8-17 所示。抠像效果制作完成，如图 8-18 所示。

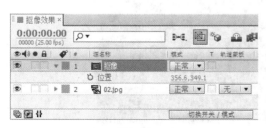

图 8-17

图 8-18

8.1.2 颜色差异键

颜色差异键把图像划分为两个蒙版效果。局部蒙版 B 使指定的抠像颜色变为透明，局部蒙版 A 使图像中不包含第 2 种不同颜色的区域变为透明。这两种蒙版效果结合起来就得到最终的第 3 种蒙版效果，即将背景变为透明。

在"特效控制台"面板中，左侧的缩略图表示原始图像，右侧的缩略图表示蒙版效果。从上往下数第 1 个吸管工具 🖋 用于在原始图像的缩略图中拾取抠像颜色，第 2 个吸管工具 🖋 用于在蒙版效果的缩略图中拾取透明区域的颜色，第 3 个吸管工具 🖋 用于在蒙版效果的缩略图中拾取不透明区域的颜色，如图 8-19 所示。

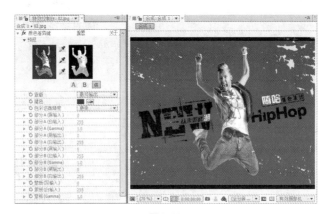

图 8-19

查看：指定"合成"预览窗口中显示的合成效果。

键色：利用吸管工具拾取透明区域的颜色。

色彩匹配精度：控制匹配颜色的精确度，若屏幕上不包含主色调则会得到较好的效果。

蒙版控制：调整通道中的"黑输入""白输入""Gamma"的参数值，从而修改蒙版效果的透明度。

8.1.3 颜色键

"颜色键"效果的"特效控制台"面板如图 8-20 所示。

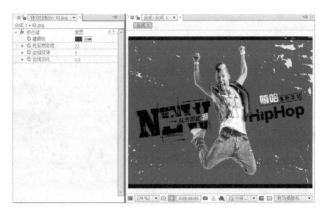

图 8-20

键颜色：利用吸管工具拾取透明区域的颜色。

色彩宽容度：调节与抠像颜色相匹配的颜色范围。该参数值越大，颜色范围就越大；该参数值越小，颜色范围就越小。

边缘变薄：减小所选区域的边缘的像素值。

边缘羽化：设置所选区域的边缘以产生羽化效果。

8.1.4　色彩范围

应用"色彩范围"效果可以通过去除 Lab、YUV 或 RGB 模式中指定的颜色范围来创建透明效果。用户可以对由多种颜色组成的屏幕图像（如光照不均匀并且包含同种颜色阴影的蓝色或绿色屏幕图像）应用该效果。该效果的"特效控制台"面板如图 8-21 所示。

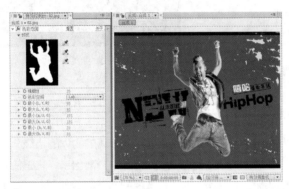

图 8-21

模糊性：设置所选区域的边缘的模糊程度。

色彩空间：设置颜色之间的距离，包括 Lab、YUV、RGB 3 种选项，每个选项对颜色的不同变化有不同的反映。

最大/最小：对层的透明区域进行设置。

8.1.5　差异蒙版

应用"差异蒙版"效果可以通过对比源层和对比层中的颜色值，将源层中与对比层颜色相同的像素删除，从而创建透明效果。该效果的典型应用方式就是将一个复杂背景中的运动物体合成到其他场景中，通常情况下对比层会采用源层的背景图像。该效果的"特效控制台"面板如图 8-22 所示。

图 8-22

差异层：设置哪一层作为对比层。

如果层大小不同：设置对比层与源层的匹配方式，包括居中和拉伸两种方式。

差异前模糊：模糊两个层中的颜色噪点。

8.1.6　提取（抽出）

应用"提取（抽出）"效果将根据图像的亮度范围来创建透明效果，图像中所有与指定的亮度范围相近的像素都将被删除。"提取（抽出）"效果适合用来处理具有黑色或白色背景的图像，或者背景亮度与保留对象亮度之间反差很大的复杂背景图像，还可以用来删除影片中的阴影。该效果的"特效控制台"面板如图 8-23 所示。

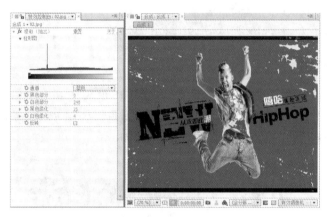

图 8-23

8.1.7　内部/外部键

"内部/外部键"效果通过层中的遮罩路径来确定要分离的物体的边缘，从而把物体从背景中分离出来。利用该效果可以将具有不规则边缘的物体从背景中分离出来，这里使用的遮罩路径可以较为粗略，不一定正好在物体的边缘处。该效果的"特效控制台"面板如图 8-24 所示。

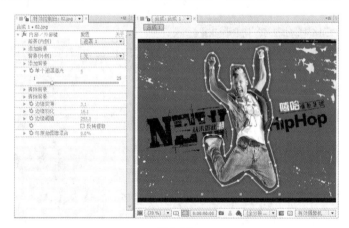

图 8-24

8.1.8　线性色键

"线性色键"效果既可以用来进行抠像处理，也可以用来找回其他已删除但不应删除的颜色区域。如果从图像中分离出的物体包含抠像颜色，当对其进行抠像处理时这些颜色区域可能也会变成透明区域，这时通过对图像应用该效果，然后在"特效控制台"面板中的"键操作"下拉列表中选择"保持颜色"命令，可找回不应删除的区域。该效果的"特效控制台"面板如图 8-25 所示。

图 8-25

8.1.9　亮度键

应用"亮度键"效果将根据层的亮度来对图像进行抠像处理，可以将图像中具有指定亮度的所有像素都删除，从而创建透明效果，而且层的质量不会影响该效果。该效果的"特效控制台"面板如图 8-26 所示。

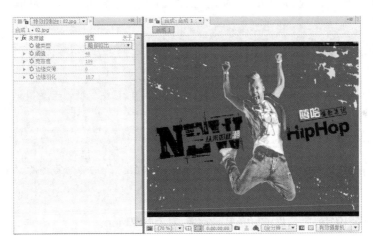

图 8-26

键类型：包括亮部抠出、暗部抠出、抠出相似区域和抠出非相似区域等类型。

阈值：设置抠像的亮度极限数值。

宽容度：指定接近亮度极限数值的范围，范围的大小将直接影响抠像区域。

8.1.10　溢出抑制

"溢出抑制"效果可以用来去除键控后图像中残留的键控色的痕迹，并消除图像边缘溢出的键控色，这些溢出的键控色常常是由于背景的反射造成的。该效果的"特效控制台"面板如图 8-27 所示。

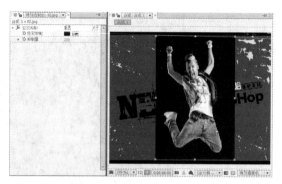

图 8-27

色彩抑制：拾取要删除的溢出的键控色。

抑制量：控制溢出的程度。

8.2 外挂抠像

根据需要，可以将外挂抠像插件安装在计算机中。安装后，就可以使用功能强大的外挂抠像插件。例如，Keylight（1.2）插件是为专业的后期制作工作而开发的抠像插件，用于精准地去除影像中任意一种指定的颜色。

8.2.1 课堂案例——复杂抠像

◎ **案例学习目标**　学习制作复杂抠像效果。

☆ **案例知识要点**

使用"缩放"属性改变图片的大小；使用"Keylight（1.2）"命令修复图片。复杂抠像效果如图8-28 所示。

⊕ **效果所在位置**　云盘\Ch08\复杂抠像\复杂抠像. aep。

图 8-28

扫码观看
本案例视频

扫码查看
扩展案例

（1）按 Ctrl+N 组合键，弹出"图像合成设置"对话框，在"合成组名称"文本框中输入"抠像"，其他选项的设置如图 8-29 所示，单击"确定"按钮，即可创建一个新的合成"抠像"。

（2）选择"文件 > 导入 > 文件"命令，在弹出的"导入文件"对话框中，选择云盘中"Ch08 \
复杂抠像 \ (Footage) \ 01.jpg、02.jpg"文件，单击"打开"按钮，即可将图片导入"项目"面板中，
如图 8-30 所示。

图 8-29   图 8-30

（3）在"项目"面板中，选中"02.jpg"文件并将其拖曳到"时间线"面板中，如图 8-31 所示。
"合成"预览窗口中的效果如图 8-32 所示。

图 8-31   图 8-32

（4）选择"效果 > 键控 > Keylight（1.2）"命令，选择"屏幕颜色"选项右侧的吸管工具，
如图 8-33 所示；吸取背景素材上的蓝色，如图 8-34 所示。

图 8-33   图 8-34

（5）在"特效控制台"面板中进行参数设置，如图 8-35 所示。"合成"预览窗口中的效果如图 8-36 所示。

图 8-35　　　　　　　　　　　　　　图 8-36

（6）按 Ctrl+N 组合键，弹出"图像合成设置"对话框，在"合成组名称"文本框中输入"复杂抠像"，其他选项的设置如图 8-37 所示，单击"确定"按钮，即可创建一个新的合成"复杂抠像"。在"项目"面板中，选中"01.jpg"文件和"抠像"合成并将其拖曳到"时间线"面板中，层的排列顺序如图 8-38 所示。

图 8-37　　　　　　　　　　　　　　图 8-38

（7）选中"抠像"层，按 S 键展开"缩放"属性，设置"缩放"选项的数值为 53.0，53.0%，如图 8-39 所示。"合成"预览窗口中的效果如图 8-40 所示。

图 8-39　　　　　　　　　　　　　　图 8-40

（8）按 P 键展开"位置"属性，设置"位置"选项的数值为 533.0，336.0，如图 8-41 所示。复杂抠像效果制作完成，如图 8-42 所示。

图 8-41

图 8-42

8.2.2　Keylight（1.2）

"抠像"一词是从早期电视制作中得来的，英文为"Keylight"，意思就是吸取画面中的某一种颜色作为透明色，将它从画面中删除，从而使背景变为透明，这样在室内拍摄的人物经抠像后与各种场景叠加在一起，就形成了各种奇特的效果，如图 8-43 所示。

图 8-43

在 After Effects CS6 中，可实现键控的滤镜都放置在"键控"分类里，根据其原理和用途，又可以分为二元键控、线性键控和高级键控 3 类。各个类型的含义如下。

- **二元键控**：诸如"颜色键"和"亮度键"等。这是一种比较简单的键控滤镜，只能产生透明效果与不透明效果，无法产生半透明效果，适用于有着明确的边缘、背景平整且颜色无太大变化的前期拍摄效果较好的高质量视频。

- **线性键控**：诸如"线性色键""差异蒙版""提取（抽出）"等。这类键控滤镜可以将键控色与画面颜色进行比较，若两者完全不相同，则自动去除键控色；若键控色与画面颜色不完全相同，将产生半透明效果。此类滤镜产生的半透明效果是线性分布的，虽然符合大部分抠像要求，但对于烟雾、玻璃之类的更为细腻的半透明效果来说仍有一定的局限性，需要借助更高级的键控滤镜。

- **高级键控**：诸如"颜色差异键"和"色彩范围"等。此类键控滤镜适合复杂的抠像操作，适用于透明、半透明的物体抠像，即使实际拍摄时存在背景不够平整、蓝屏或者绿屏亮度分布不均匀、带有阴影等情况，也能得到不错的抠像效果。

8.3 课堂练习——替换人物背景

☆ 练习知识要点

使用"颜色键"命令去除图片背景；使用"位置"和"缩放"属性改变图片的位置及大小；使用"调节层"命令新建调节层；使用"色相位/饱和度"命令调整图片颜色。替换人物背景效果如图 8-44 所示。

⊕ 效果所在位置   云盘\Ch08\替换人物背景\替换人物背景. aep。

扫码观看
本案例视频

图 8-44

8.4 课后习题——外挂抠像

☆ 习题知识要点

使用"Keylight（1.2）"命令修复图片。外挂抠像效果如图 8-45 所示。

⊕ 效果所在位置   云盘\Ch08\外挂抠像\外挂抠像. aep。

扫码观看
本案例视频

图 8-45

第9章
添加声音特效

本章对声音的导入和声音特效进行了详细讲解，其中包括声音的导入与调整、声音长度的缩放、声音的淡入与淡出、声音的倒放、低音和高音、声音的延迟、镶边与和声等内容。读者通过对本章的学习，可以了解并掌握 After Effects CS6 中声音特效的制作方法。

课堂学习目标

- ✔ 学会将声音导入影片
- ✔ 认识声音特效

9.1 将声音导入影片

声音是影片的引导者，没有声音的影片很难吸引观众。下面介绍将声音导入影片的方法及设置动态音量的方法。

9.1.1 课堂案例——为冲浪添加背景音乐

◎ **案例学习目标**　学习将声音导入影片的方法，为冲浪视频添加背景音乐。

☆ **案例知识要点**

使用"导入"命令导入声音、视频文件；使用"音频电平"命令制作背景音乐效果。为冲浪添加背景音乐效果如图9-1所示。

⊕ **效果所在位置**　云盘\Ch09\为冲浪添加背景音乐\为冲浪添加背景音乐.aep。

（1）按 Ctrl+N 组合键，弹出"图像合成设置"对话框，在"合成组名称"文本框中输入"最终效果"，其他选项的设置如图9-2所示，单击"确定"按钮，即可创建一个新的合成"最终效果"，此时的"项目"面板如图9-3所示。

图 9-1

扫码观看
本案例视频

扫码查看
扩展案例

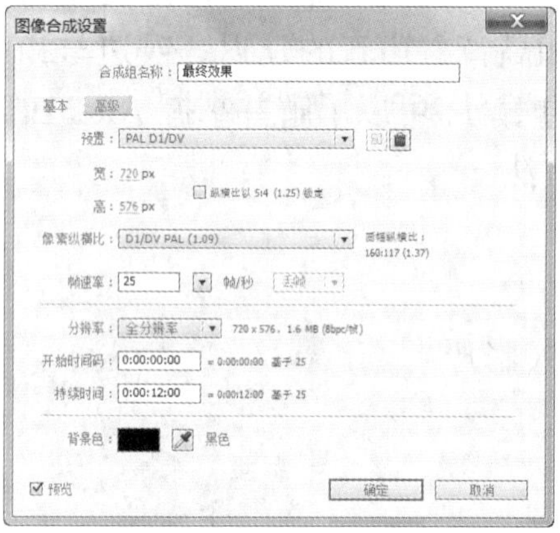

图 9-2

图 9-3

（2）选择"文件 > 导入 > 文件"命令，弹出"导入文件"对话框，选择云盘中的"Ch09\为冲浪添加背景音乐\(Footage)\01.avi、02.wma 文件，如图 9-4 所示，单击"打开"按钮即可导入视频，然后再将其拖曳到"时间线"面板中。层的排列顺序如图 9-5 所示。

图 9-4

图 9-5

（3）选中"02.wma"层，展开"音频"属性，在"时间线"面板中将时间标签放置在 10s 的位置，如图 9-6 所示；单击"音频电平"选项左侧的"关键帧自动记录器"按钮 ，如图 9-7 所示，记录第 1 个关键帧。

图 9-6   图 9-7

（4）将时间标签放置在 11s24 帧的位置，如图 9-8 所示。在"时间线"面板中，设置"音频电平"选项的数值为-30，如图 9-9 所示，记录第 2 个关键帧。

（5）为冲浪添加背景音乐效果制作完成。

图 9-8

图 9-9

9.1.2　声音的导入与调整

启动 After Effects CS6，选择"文件 ＞ 导入 ＞文件"命令，在弹出的"导入文件"对话框中，选择云盘中的"基础素材\Ch09\01.mov"文件，单击"打开"按钮导入文件。在"项目"面板中选中该素材，观察到预览窗口下方出现声波图形，如图 9-10 所示，这说明该视频素材带有声音。将"01.mov"文件从"项目"面板中拖曳到"时间线"面板中。

选择"窗口 ＞ 预览控制台"命令，或按 Ctrl+3 组合键，在打开的"预览控制台"面板中确定 🔊图标为弹起状态，如图 9-11 所示；在"时间线"面板中确定在该层的左侧 🔊图标为显示状态，如图 9-12 所示。

图 9-10   图 9-11   图 9-12

按数字键盘上的 0 键即可听到影片的声音。按住 Ctrl 键的同时，拖曳时间标签，可以实时听到当前时间标签所在位置的声音。

选择"窗口 > 音频"命令，或按 Ctrl+4 组合键，打开"音频"面板，在该面板中拖曳滑块，可以调整声音的总音量或分别调整左右声道的音量，如图 9-13 所示。

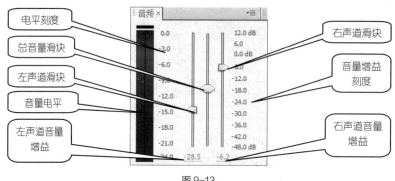

图 9-13

在"时间线"面板中展开"波形"栏，可以在其中显示声音的波形；调整"音频电平"右侧的参数可以调整声音的音量，如图 9-14 所示。

图 9-14

9.1.3 声音播放时长的伸缩

在"时间线"面板的底部单击按钮 ⚌，将控制区域完全显示出来。在"持续时间"项可以设置声音的播放时长，在"伸缩"项可以设置播放时长占原始素材时长的比例，如图 9-15 所示。例如，将"伸缩"项设置为 200.0% 后，声音的实际播放时长是原始素材时长的 2 倍。通过设置这两个参数缩短或延长声音的播放时长后，声音的音调同时也会升高或降低。

图 9-15

9.1.4 声音的淡入与淡出

将时间标签拖曳到起始帧的位置，在"音频电平"选项左侧单击"关键帧自动记录器"按钮⏱并输入参数-100；拖曳时间标签到 3s 的位置，输入参数 0，可以观察到在时间线上增加了两个关键帧，如图 9-16 所示。此时按住 Ctrl 键并拖曳时间标签，可以听到声音由小变大的淡入效果。

图 9-16

拖曳时间标签到 0s 20 帧的位置，输入参数为 0.1；拖曳时间标签到结束帧的位置，输入参数为-100。"时间线"面板的状态如图 9-17 所示。按住 Ctrl 键并拖曳时间标签，可以听到声音由大变小的淡出效果。

图 9-17

9.2 声音特效

为声音添加特效就像为视频添加滤镜一样，只要在效果面板中选择相应的命令来完成需要的操作即可。

9.2.1 课堂案例——为体育视频添加背景音乐

◎ 案例学习目标　学习为声音添加特效。

☆ 案例知识要点

使用"低音与高音"命令制作声音特效；使用"高通/低通"命令调整高低音效果；使用"照片滤镜"命令调整视频的色调。为体育视频添加背景音乐效果如图 9-18 所示。

⊕ 效果所在位置　云盘\Ch09\为体育视频添加背景音乐\为体育视频添加背景音乐.aep。

扫码观看
本案例视频

扫码查看
扩展案例

图 9-18

（1）按 Ctrl+N 组合键，弹出"图像合成设置"对话框，在"合成组名称"文本框中输入"最终效果"，其他选项的设置如图 9-19 所示，单击"确定"按钮，即可创建一个新的合成"最终效果"。

（2）选择"文件 > 导入 > 文件"命令，在弹出的"导入文件"对话框中，选择云盘中的"Ch09\为体育视频添加背景音乐\（Footage)\ 01.mov、02.mp3"文件，如图 9-20 所示，单击"打开"按钮即可导入文件，然后再将其拖曳到"时间线"面板中。层的排列顺序如图 9-21 所示。

图 9-19　　　　　　　　　　图 9-20　　　　　　　　　图 9-21

（3）选中"02.mp3"层，展开"音频"属性，在"时间线"面板中，将时间标签放置在 13s20 帧的位置，如图 9-22 所示；单击"音频电平"选项左侧的"关键帧自动记录器"按钮 ⏱，如图 9-23 所示，记录第 1 个关键帧。

图 9-22　　　　　　　　　　　　图 9-23

（4）将时间标签放置在 15s 24 帧的位置，如图 9-24 所示。在"时间线"面板中，设置"音频电平"选项的数值为-30，如图 9-25 所示，记录第 2 个关键帧。

图 9-24 图 9-25

（5）选择"效果 > 音频 > 低音与高音"命令，在"特效控制台"面板中进行参数设置，如图 9-26 所示。选择"效果 > 音频 > 高通/低通"命令，在"特效控制台"面板中进行参数设置，如图 9-27 所示。

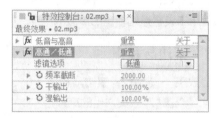

图 9-26 图 9-27

（6）选中"01.mov"层，选择"效果 > 色彩校正 > 照片滤镜"命令，在"特效控制台"面板中进行参数设置，如图 9-28 所示。为体育视频添加背景音乐效果制作完成，如图 9-29 所示。

图 9-28 图 9-29

9.2.2 倒放

选择"效果 > 音频 > 倒放"命令，即可将该特效添加到"特效控制台"面板中，如图 9-30 所示。应用这个特效可以倒放音频素材，即从最后一帧开始向第 1 帧播放。勾选"交换声道"复选框，可以交换左、右声道中的音频内容。

图 9-30

9.2.3 低音与高音

选择"效果 > 音频 > 低音与高音"命令，即可将该特效添加到"特效控制台"面板中，如图

9-31 所示。调整"低音"或"高音"选项的数值可以增大或减小音频中低音或高音的音量。

图 9-31

9.2.4 延迟

选择"效果 > 音频 > 延迟"命令,即可将该特效添加到"特效控制台"面板中,如图 9-32 所示。"延迟"特效可将声音素材进行多层延迟来模仿回声效果,例如因墙壁而产生的回声或空旷的山谷中的回音。"延迟时间"参数用于设定原始声音和其回音之间的时间间隔,单位为毫秒;"延迟量"参数用于设置回音的音量;"回授"参数用于设置由回音产生的后续回音的音量;"干输出"参数用于设置声音素材的电平;"湿输出"参数用于设置最终输出的声波的电平。

图 9-32

9.2.5 镶边与和声

选择"效果 > 音频 > 镶边与和声"命令,即可将该特效添加到"特效控制台"面板中,如图 9-33 所示。"镶边"效果产生的原理是:将声音素材的一个拷贝稍作延迟后与原声音混合,这样就会导致某些频率的声音产生叠加或相减效果,这在物理学中被称为"梳状滤波",它会产生一种"干瘪"的声音效果。该效果经常被应用于电吉他独奏。当混合声音素材的多个延迟的拷贝时会产生乐器的"和声"效果。

"声音"参数用于设置延迟的拷贝声音的数量,增大此值将使"镶边"效果减弱而使"和声"效果增强。"变调深度"参数用于设置拷贝声音的混合深度;"声音相位改变"参数用于设置拷贝声音相位的变化程度;"干声输出/湿声输出"参数用于设置未处理的音频与处理后的音频的混合程度。

图 9-33

9.2.6 高通/低通

选择"效果 > 音频 > 高通/低通"命令,即可将该特效添加到"特效控制台"面板中,如图 9-34 所示。该特效只允许设定的频率的声音通过,通常用于过滤低频率或高频率的噪声,如电流声等。在"滤镜选项"下拉列表中可以选择使用"高通"方式或"低通"方式。"频率截断"参数用于设置滤波器的分界频率,当选择"高通"方式滤波时,低于该频率的声音将被过滤;当选择"低通"方式滤波时,高于该频率的声音将被过滤。"干输出"参数用于设置声音素材的电平,"湿输出"参数用于设置最终输出的声波的电平。

图 9-34

9.2.7 调制器

选择"效果 > 音频 > 调制器"命令,即可将该特效添加到"特效控制台"面板中,如图 9-35 所示。该特效可以为声音素材

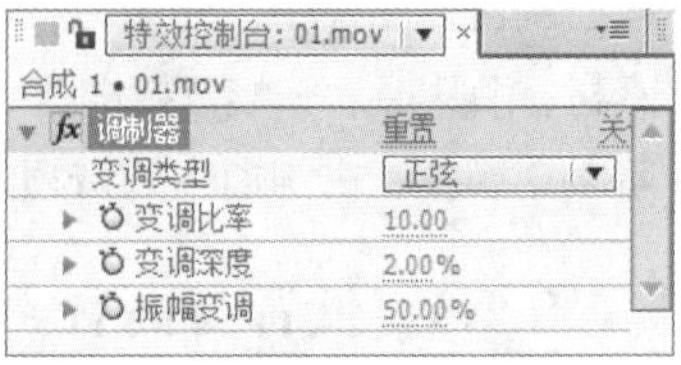

图 9-35

添加颤音效果。"变调类型"用于设定颤音的波形。"变调比率"参数（以 Hz 为单位）用于设定颤音调制的频率。"变调深度"参数（以调制频率的百分比为单位）用于设定颤音频率的变化范围。"振幅变调"参数用于设定颤音的强弱。

9.3 课堂练习——为影片添加声音特效

☆ 练习知识要点

使用"导入"命令导入视频与音乐；使用"倒放"命令倒放音乐；使用"高通/低通"命令制作高低音效果。为影片添加声音特效效果如图 9-36 所示。

⊕ 效果所在位置　　云盘\Ch09\为影片添加声音特效\为影片添加声音特效.aep。

扫码观看
本案例视频

图 9-36

9.4 课后习题——为都市前沿添加背景音乐

☆ 习题知识要点

使用"倒放"命令倒放音乐；使用"音频电平"属性为音乐添加关键帧；使用"高通/低通"命令制作高低音效果。为都市前沿添加背景音乐效果如图 9-37 所示。

⊕ 效果所在位置　　云盘\Ch09\为都市前沿添加背景音乐\为都市前沿添加背景音乐.aep。

扫码观看
本案例视频

图 9-37

第10章
制作三维合成特效

After Effects CS6 不仅可以帮助用户在二维空间制作合成效果，随着新版本的推出，其在三维空间中的合成与动画功能也越来越强大。新版本在具有深度的三维空间中可以丰富图层的运动样式，创建更逼真的灯光、投影、材质效果和摄像机运动效果。读者通过对本章的学习，可以掌握制作三维合成特效的方法和技巧。

课堂学习目标

- ✔ 掌握制作三维合成特效的方法
- ✔ 掌握应用灯光和摄像机的方法

10.1 三维合成

After Effects CS6 可以在三维空间中显示图层。将图层指定为三维时，After Effects CS6 会添加一个 z 轴来控制该层的深度。当 z 轴值增大时，该层在空间中会移动到更远处；当 z 轴值减小时，该层会移动到近处。

10.1.1 课堂案例——三维空间

◎ 案例学习目标　学习制作三维空间效果。

☆ 案例知识要点

使用"横排文字"工具输入文字；使用"位置"属性制作文字动画效果；使用"马赛克"命令、"最大/最小"命令、"查找边缘"命令，制作特效形状；使用"渐变"命令制作背景渐变效果；使用三维图层的"位置"属性制作空间效果；使用"透明度"属性调整文字的不透明度。三维空间效果如图 10-1 所示。

➕ 效果所在位置　云盘\Ch10\三维空间\三维空间.aep。

图 10-1

1. 编辑文字

（1）按 Ctrl+N 组合键，弹出"图像合成设置"对话框，在"合成组名称"文本框中输入"线框"，其他选项的设置如图 10-2 所示，单击"确定"按钮，即可创建一个新的合成"线框"。此时的"项目"面板如图 10-3 所示。

图 10-2

图 10-3

（2）选择"横排文字"工具 <u>T</u>，在"合成"预览窗口中输入文字"123456789"。选中文字，在"文字"面板中，设置"填充色"为浅灰色（其 R、G、B 的值均为 235），其他参数的设置如图 10-4 所示。"合成"预览窗口中的效果如图 10-5 所示。

图 10-4

图 10-5

（3）选中"文字"层，按 P 键展开"位置"属性，设置"位置"选项的数值为–251.0，651.0，如图 10-6 所示。"合成"预览窗口中的效果如图 10-7 所示。

图 10-6　　　　　　　　　　　　　　　　　　　图 10-7

（4）展开文字层的属性，单击"动画"右侧的按钮⊙，在弹出的列表中选择"缩放"选项，如图 10-8 所示，在"时间线"面板中将自动添加"范围选择器 1"和"缩放"选项。选择"范围选择器 1"选项，按 Delete 键删除，并设置"缩放"选项的数值为 180.0，180.0%，如图 10-9 所示。

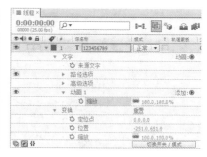

图 10-8　　　　　　　　　　　　　　　　　　　图 10-9

（5）单击"动画 1"选项右侧的"添加"按钮⊙，在弹出的列表中选择"选择 > 摇摆"命令，如图 10-10 所示。展开"波动选择器 1"属性，设置"模式"为"加"，如图 10-11 所示。

图 10-10　　　　　　　　　　　　　　　　　　图 10-11

（6）展开"文字"选项下的"高级选项"，设置"编组对齐"选项的数值为 0.0，160.0%，如图 10-12 所示。"合成"预览窗口中的效果如图 10-13 所示。

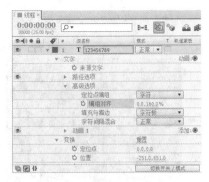

图 10-12   图 10-13

（7）选择"效果 > 风格化 > 马赛克"命令，在"特效控制台"面板中进行参数设置，如图 10-14 所示。"合成"预览窗口中的效果如图 10-15 所示。

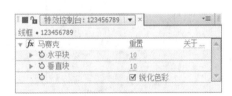

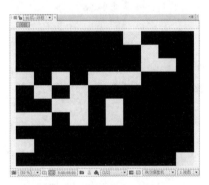

图 10-14   图 10-15

（8）选择"效果 > 通道 > 最大/最小"命令，在"特效控制台"面板中进行参数设置，如图 10-16 所示。"合成"预览窗口中的效果如图 10-17 所示。

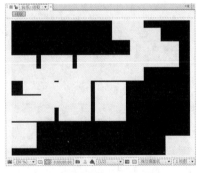

图 10-16   图 10-17

（9）选择"效果 > 风格化 > 查找边缘"命令，在"特效控制台"面板中进行参数设置，如图 10-18 所示。"合成"预览窗口中的效果如图 10-19 所示。

（10）按 Ctrl+N 组合键，弹出"图像合成设置"对话框，在"合成组名称"文本框中输入"文字"，其他选项的设置如图 10-20 所示，单击"确定"按钮，即可创建一个新的合成"文字"。选择"横排文字"工具 T ，在"合成"预览窗口中输入文字"三维空间"。选中文字，在"文字"面板中，设置"填充色"为淡灰色（其 R、G、B 的值均为 235）。其他参数的设置如图 10-21 所示。

图 10-18

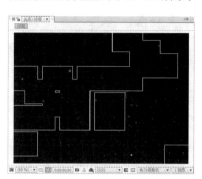

图 10-19

图 10-20

图 10-21

（11）单击文字层右侧的"3D 图层"按钮 ⬡，打开三维属性，如图 10-22 所示。按 S 键展开"缩放"属性，设置"缩放"选项的数值为 80.0，80.0，80.0%，如图 10-23 所示。

图 10-22

图 10-23

（12）按 P 键展开"位置"属性，设置"位置"选项的数值为 355.0，531.0，550.0，如图 10-24 所示。选中文字层，单击收缩按钮 ▼，按 4 次 Ctrl+D 组合键，复制 4 个层，如图 10-25 所示。

图 10-24

图 10-25

2. 添加文字动画

（1）选中"三维空间"层，将时间标签放置在 2s5 帧的位置，如图 10-26 所示。按 P 键展开"位置"属性，单击"位置"选项左侧的"关键帧自动记录器"按钮 ⏱，如图 10-27 所示，记录第 1 个关键帧。

（2）将时间标签放置在 3s 5 帧的位置，如图 10-28 所示，设置"位置"选项的数值为 355.0，530.0，−1200.0，如图 10-29 所示，记录第 2 个关键帧。

图 10-26

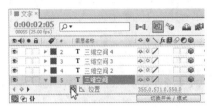

图 10-27

图 10-28

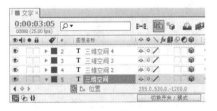

图 10-29

（3）选中"三维空间 2"层，将时间标签放置在 1s 15 帧的位置。按 P 键展开"位置"属性，设置"位置"选项的数值为 428.0，453.0，−60.0，单击"位置"选项左侧的"关键帧自动记录器"按钮 ⏱，如图 10-30 所示，记录第 1 个关键帧。将时间标签放置在 2s 15 帧的位置，设置"位置"选项的数值为 428.0，453.0，−1400.0，如图 10-31 所示，记录第 2 个关键帧。

图 10-30

图 10-31

（4）选中"三维空间 3"层，将时间标签放置在 2s 15 帧的位置。按 P 键展开"位置"属性，设置"位置"选项的数值为 320.0，413.0，−100.0，单击"位置"选项左侧的"关键帧自动记录器"按钮 ⏱，如图 10-32 所示，记录第 1 个关键帧。将时间标签放置在 3s 15 帧的位置，设置"位置"选项的数值为 320.0，457.0，−1500.0，如图 10-33 所示，记录第 2 个关键帧。

（5）选中"三维空间 4"层，将时间标签放置在 1s 10 帧的位置。按 P 键展开"位置"属性，设置"位置"选项的数值为 490.0，364.0，150.0，单击"位置"选项左侧的"关键帧自动记录器"按钮 ⏱，如图 10-34 所示，记录第 1 个关键帧。将时间标签放置在 2s 10 帧的位置，设置"位置"选项的数值为 490.0，364.0，−1400.0，如图 10-35 所示，记录第 2 个关键帧。

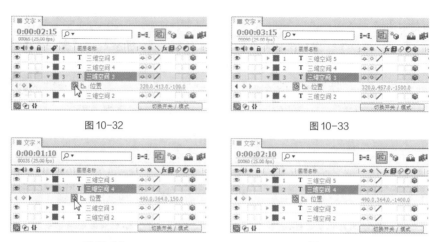

图 10-32　　　　　　　　　　　　　　　图 10-33

图 10-34　　　　　　　　　　　　　　　图 10-35

（6）选中"三维空间 5"层，将时间标签放置在 2s 20 帧的位置。按 P 键展开"位置"属性，设置"位置"选项的数值为 360.0，312.0，288.0，单击"位置"选项左侧的"关键帧自动记录器"按钮 ⏱，如图 10-36 所示，记录第 1 个关键帧。将时间标签放置在 3s 20 帧的位置，设置"位置"选项的数值为 360.0，312.0，−1200.0，如图 10-37 所示，记录第 2 个关键帧。

图 10-36　　　　　　　　　　　　　　　图 10-37

3. 制作空间效果

（1）按 Ctrl+N 组合键，弹出"图像合成设置"对话框，在"合成组名称"文本框中输入"三维空间"，其他选项的设置如图 10-38 所示，单击"确定"按钮，即可创建一个新的合成"三维空间"。

（2）选择"文件 > 导入 > 文件"命令，在弹出的"导入文件"对话框中，选择云盘中的"Ch10\三维空间\(Footage)\01.jpg"文件，如图 10-39 所示，单击"打开"按钮即可导入图片，然后再将其拖曳到"时间线"面板中，如图 10-40 所示。

扫码观看
本案例视频

图 10-38　　　　　　　　　　图 10-39　　　　　　　　　　图 10-40

（3）在"项目"面板中，选中"线框"合成并将其拖曳到"时间线"面板中，重复操作 5 次。在"时间线"面板中，单击所有"线框"层右侧的"3D 图层"按钮，打开三维属性，并设置所有"线框"层的混合模式为"添加"，如图 10-41 所示。

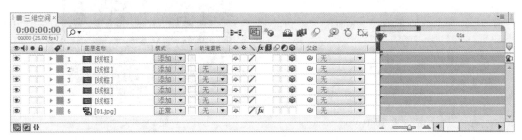

图 10-41

（4）选中图层 5，展开"变换"选项，并在"变换"选项区中设置参数，如图 10-42 所示。选中图层 4，展开"变换"选项，并在"变换"选项区中设置参数，如图 10-43 所示。

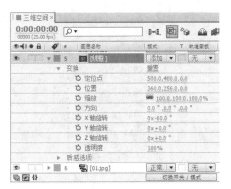

图 10-42

图 10-43

（5）选中图层 3，展开"变换"选项，并在"变换"选项区中设置参数，如图 10-44 所示。选中图层 2，展开"变换"选项，并在"变换"选项区中设置参数，如图 10-45 所示。

图 10-44

图 10-45

（6）选中图层 1，展开"变换"选项，并在"变换"选项区中设置参数，如图 10-46 所示。"合成"预览窗口中的效果如图 10-47 所示。

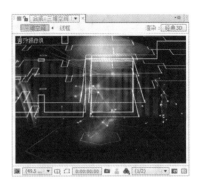

图 10-46　　　　　　　　　　　　　图 10-47

（7）在"项目"面板中，选中"文字"合成并将其拖曳到"时间线"面板中，单击文字层右侧的"3D 图层"按钮 <img>，打开三维属性，如图 10-48 所示。将时间标签放置在 3s 的位置，如图 10-49 所示。

图 10-48　　　　　　　　　　　　　图 10-49

（8）按 T 键展开"透明度"属性，设置"透明度"选项的数值为 100%，单击"透明度"选项左侧的"关键帧自动记录器"按钮 <img>，如图 10-50 所示，记录第 1 个关键帧。将时间标签放置在 4s 的位置，设置"透明度"选项的数值为 0，如图 10-51 所示，记录第 2 个关键帧。

图 10-50　　　　　　　　　　　　　图 10-51

（9）选择"图层 > 新建 > 摄像机"命令，弹出"摄像机设置"对话框，其中的选项设置如图 10-52 所示，单击"确定"按钮，在"时间线"面板中将新增一个摄像机层，如图 10-53 所示。

（10）选中"摄像机 1"层，按 P 键展开"位置"属性，将时间标签放置在 0s 的位置，设置"位置"选项的数值为 600.0，−150.0，−600.0，单击"位置"选项左侧的"关键帧自动记录器"按钮 <img>，如图 10-54 所示，记录第 1 个关键帧。将时间标签放置在 4s 的位置，设置"位置"选项的数值为 360.0，288.0，−600.0，如图 10-55 所示，记录第 2 个关键帧。

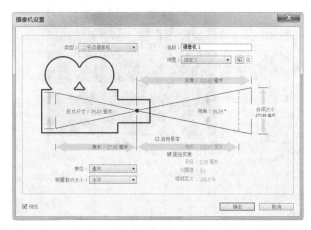

图 10-52

图 10-53

图 10-54

图 10-55

（11）选择"图层 > 新建 > 调节层"命令，在"时间线"面板中将新增一个调节层，选中"调节层 1"层，将其放置在文字层下方，如图 10-56 所示。选择"效果 > 风格化 > 辉光"命令，在"特效控制台"面板中进行参数设置，如图 10-57 所示。"合成"预览窗口中的效果如图 10-58 所示。

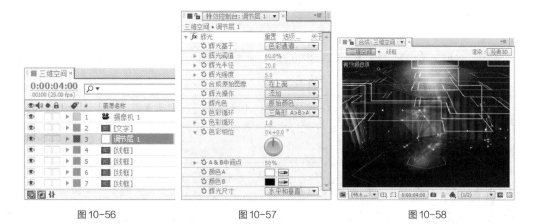

图 10-56　　　　　　　图 10-57　　　　　　　图 10-58

（12）在"时间线"面板中，设置"调节层 1"的混合模式为"正片叠底"，如图 10-59 所示。三维空间效果制作完成，如图 10-60 所示。

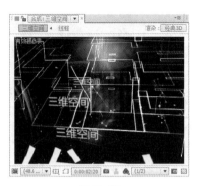

图 10-59　　　　　　　　　　　　　　　图 10-60

10.1.2　转换为三维层

除了声音层以外，所有素材层都可以转换为三维层。将一个普通的二维层转换为三维层的方法非常简单，只需要在层的右侧单击"3D 图层"按钮 即可。展开层属性就会发现"变换"选项中无论是"定位点"属性、"位置"属性、"缩放"属性、"方向"属性，还是"旋转"属性，都包含 z 轴向的参数信息；此外，还增加了一个"质感选项"属性，如图 10-61 所示。

设置"Y 轴旋转"选项的数值为 0、45。"合成"预览窗口中的效果如图 10-62 所示。

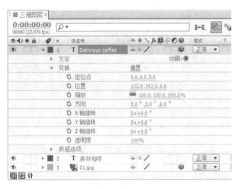

图 10-61　　　　　　　　　　　　　　　图 10-62

如果要将三维层转换为二维层，只需要在层的右侧再次单击"3D 图层"按钮 即可关闭三维属性，三维层中的 z 轴向的参数信息和"质感选项"参数信息将丢失。

> **提示：** 虽然很多特效，例如"膨胀"效果，可以用来模拟三维空间效果，但是这些特效其实都是二维特效，也就是说，即使这些特效当前作用于三维层，它们也只是模拟三维效果而不会对三维层产生任何影响。

10.1.3　修改三维层的"位置"属性

对于三维层来说，"位置"属性由 x、y、z 3 个维度的参数控制，如图 10-63 所示。

（1）启动 After Effects CS6，选择"文件 > 打开项目"命令，选择云盘中的"素材文件\Ch10\基础操作素材\三维图层.aep"文件，单击"打开"按钮打开此文件。

（2）在"时间线"面板中，选择某个三维层或者摄像机层，被选择层的坐标轴将会显示出来，其

中红色坐标代表 x 轴，绿色坐标代表 y 轴，蓝色坐标代表 z 轴。

图 10-63

（3）在"工具"面板中，选择"选择"工具，在"合成"预览窗口中，将鼠标指针停留在各个轴向上，观察鼠标指针的变化情况。当鼠标指针变成时，代表移动方向锁定为 x 轴方向；当鼠标指针变成时，代表移动方向锁定为 y 轴方向；当鼠标指针变成时，代表移动方向锁定为 z 轴方向。

> 提示：如果鼠标指针没有呈现任何坐标轴信息，则可以在空间中朝任意方向移动三维对象。

10.1.4 修改三维层的"旋转"属性

1. 使用"方向"属性旋转

（1）选择"文件 > 打开项目"命令，选择云盘中的"Ch10\基础素材\三维图层.aep"文件，单击"打开"按钮打开此文件。

（2）在"时间线"面板中，选择某三维层或摄像机层。

（3）在"工具"面板中，选择"旋转"工具，在"设置"右侧的下拉列表中选择"方向"选项，如图 10-64 所示。

图 10-64

（4）在"合成"预览窗口中，将鼠标指针放置在某个坐标轴上，当鼠标指针变成时，进行 x 轴方向旋转；当鼠标指针变成时，进行 y 轴方向旋转；当鼠标指针变成时，进行 z 轴方向旋转；在没有呈现任何信息时，可以朝任意方向旋转三维对象。

（5）在"时间线"面板中，展开当前三维层的"变换"属性，观察"方向"属性的数值，如图 10-65 所示。

图 10-65

2. 使用"旋转"属性旋转

（1）使用上述素材文件，选择"文件 > 返回"命令，还原到该文件的初始状态。

（2）在"工具"面板中，选择"旋转"工具 ，在"设置"右侧的下拉列表中选择"旋转"选项，如图 10-66 所示。

图 10-66

（3）在"合成"预览窗口中，将鼠标指针放置在某个坐标轴上，当鼠标指针变成 时，进行 x 轴方向旋转；当鼠标指针变成 时，进行 y 轴方向旋转；当鼠标指针变成 时，进行 z 轴方向旋转；在没有呈现任何信息时，可以朝任意方向旋转三维对象。

（4）在"时间线"面板中，展开当前三维层的"变换"属性，观察 3 组"旋转"属性的数值，如图 10-67 所示。

图 10-67

10.1.5 三维视图

对三维空间的感知能力虽然并不需要经过专业的训练，是任何人都具备的本能，但是在观察过程中，人们往往会由于各种原因（场景过于复杂等）而产生视觉错觉，无法仅通过对透视图的观察正确判断当前三维对象所处的具体空间状态，因此往往需要借助更多的视图（例如前、左、顶、有效摄像机等类型的 3D 视图），从而获取准确的位置信息。部分类型的 3D 视图如图 10-68、图 10-69、图 10-70 和图 10-71 所示。

图 10-68

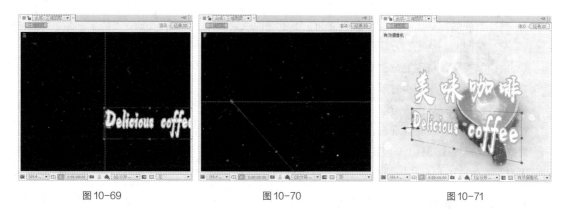

图 10-69　　　　　　　　　　图 10-70　　　　　　　　　　图 10-71

在"合成"预览窗口中，可以通过单击 有效摄像机 ▼ （3D 视图）下拉按钮，在各种视图之间进行切换。这些视图大致分为 3 类：正交视图、摄像机视图和自定义视图。

1. 正交视图

正交视图包括前、左、顶、后、右和底视图，其实就是以正交的方式观察空间中物体的 6 个面。在正交视图中，尺寸和距离以原始数据的方式呈现，从而忽略掉了透视所导致的大小变化，也就意味着在正交视图中观察立体物体时没有透视感。后视图如图 10-72 所示。

2. 摄像机视图

摄像机视图从摄像机的角度，通过镜头去观察物体。与正交视图不同的是，摄像机视图具有透视感，真实地体现了近大远小、近长远短的透视关系。由于镜头的特殊属性设置，用户还能对此类视图进行进一步的夸张设置。有效摄像机视图如图 10-73 所示。

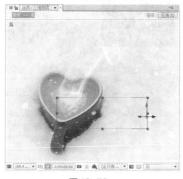

图 10-72　　　　　　　　　　　　　　　　　图 10-73

3. 自定义视图

自定义视图从几个默认的角度观察当前空间，可通过"工具"面板中的"合并摄像机"工具来调整其角度。同摄像机视图一样，自定义视图同样遵循透视的规律来呈现当前空间。不过自定义视图并不要求合成项目中必须包含摄像机，当然也不具备镜头所带来的景深、广角、长焦之类的属性，可以理解为 3 个可自定义的标准透视视图。

有效摄像机 ▼ （3D 视图）下拉列表中的具体选项如图 10-74 所示。

◎ 有效摄像机：当前被激活的摄像机视图，也就是在当前时间位置被打开的摄像机层的视图。

图 10-74

◎ 前：前视图，从正前方观看合成空间，不带透视效果。

◎ 左：左视图，从正左方观看合成空间，不带透视效果。

◎ 顶：顶视图，从正上方观看合成空间，不带透视效果。

◎ 后：后视图，从正后方观看合成空间，不带透视效果。

◎ 右：右视图，从正右方观看合成空间，不带透视效果。

◎ 底：底视图，从底部观看合成空间，不带透视效果。

◎ 自定义视图 1~3：3 个自定义视图，从 3 个默认的角度观看合成空间，带有透视效果，可以通过"工具"面板中的"合并摄像机"工具来改变视角。

10.1.6 多视图方式观看三维空间

在进行三维创作时，虽然可以通过"3D 视图"下拉列表方便地切换不同视图，但是仍然不利于对各个视图进行对比，而且频繁地切换视图也会导致创作效率低下。幸好 After Effects CS6 提供了多种视图方案，用户可以同时多角度观看三维空间，可在"合成"预览窗口中的"选定视图方案"下拉列表中选择需要的视图方案。

◎ 1 视图：仅显示一个视图，如图 10-75 所示。

◎ 2 视图-左右：同时显示两个视图，左右排列，如图 10-76 所示。

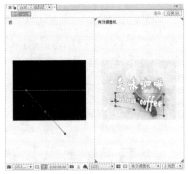

图 10-75   图 10-76

◎ 2 视图-上下：同时显示两个视图，上下排列，如图 10-77 所示。

◎ 4 视图：同时显示 4 个视图，如图 10-78 所示。

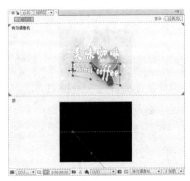
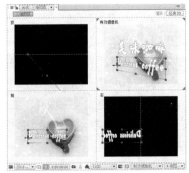

图 10-77   图 10-78

◎ 4 视图-左：同时显示 4 个视图，其中主视图在右边，如图 10-79 所示。

◎ 4 视图–右：同时显示 4 个视图，其中主视图在左边，如图 10-80 所示。

◎ 4 视图–上：同时显示 4 个视图，其中主视图在下边，如图 10-81 所示。

◎ 4 视图–下：同时显示 4 个视图，其中主视图在上边，如图 10-82 所示。

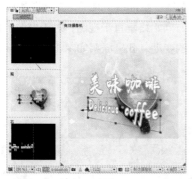

图 10-79

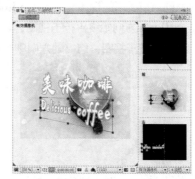

图 10-80

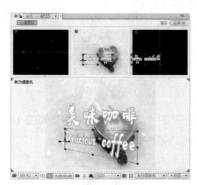

图 10-81

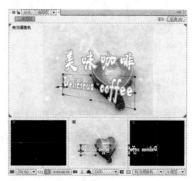

图 10-82

每个分视图在被激活后，都可以用"3D 视图"下拉列表来更换具体的观看角度，或者进行视图显示设置等。

另外，通过选择"共享视图选项"选项，可以让多个视图共享同样的视图设置，例如"安全框显示"选项、"网格显示"选项、"通道显示"选项等。

> **提示**：通过上下滚动鼠标滚轮，可以在不激活视图的情况下，对鼠标指针所在的视图进行缩放操作。

10.1.7 坐标系

在控制三维对象的时候，会依据某种坐标系进行轴向定位，After Effects CS6 提供了 3 种坐标系：当前坐标系、世界坐标系和视图坐标系。坐标系的切换是通过单击"工具"面板里的 ⊞、◉ 和 ▣ 按钮来实现的。

1. 当前坐标系 ⊞

此坐标系以被选择物体本身的坐标轴向作为变换的依据，在物体的方位与世界坐标不同时很有帮助，如图 10-83 所示。

2. 世界坐标系 ◉

世界坐标系以合成空间中的绝对坐标系作为依据，坐标系轴向不会随着物体的旋转而改变，是一种绝对值。无论在哪一个视图中，x 轴方向始终往水平方向延伸，y 轴方向始终往垂直方向延伸，z 轴方向始终往纵深方向延伸。此坐标系如图 10-84 所示。

3. 视图坐标系

视图坐标系同当前所用的视图有关，也可以称之为屏幕坐标系。对于正交视图和自定义视图，坐标系的 x 轴方向和 y 轴方向始终平行于视图，其 z 轴方向始终垂直于视图；对于摄像机视图，x 轴方向和 y 轴方向始终平行于视图，但 z 轴方向则有一定的变动。此坐标系如图 10-85 所示。

图 10-83　　　　　　　　　图 10-84　　　　　　　　　图 10-85

10.1.8　三维层的材质属性

当普通的二维层转化为三维层时，还增加了一个全新的"质感选项"属性，如图 10-86 所示，可以通过此属性的各项设置来决定三维层如何响应灯光光照系统。

图 10-86

选中某个三维层，连续按两次 A 键，展开"质感选项"属性。

投射阴影：设置是否投射阴影，其中包括"打开""关闭""只有阴影"3 种模式，效果分别如图 10-87、图 10-88 和图 10-89 所示。

图 10-87　　　　　　　　　图 10-88　　　　　　　　　图 10-89

照明传输：设置透光程度，可以体现半透明物体在灯光照射下的效果，效果主要体现在阴影上。

该数值为 0%时的效果如图 10-90，该数值为 70%时的效果如图 10-91 所示。

图 10-90

图 10-91

接受阴影：设置是否接受阴影，此属性不能制作关键帧动画。

接受照明：设置是否接受光照，此属性不能制作关键帧动画。

环境：调整三维层受"环境"类型的灯光影响的程度。在如图 10-92 所示的"照明设置"对话框中可以设置灯光的类型。

扩散：调整层漫反射的程度。如果设置为 100%，将反射大量的光；如果为 0%，则不反射光。

镜面高光：调整层镜面反射的程度。

光泽：设置"镜面高光"的区域，值越小，"镜面高光"区域就越小。在"镜面高光"值为 0 的情况下，此设置将不起作用。

质感：调节由"镜面高光"区域反射的光的颜色。值越接近 100%，反射光的颜色就越接近图层的颜色；值越接近 0%，反射光的颜色就越接近灯光的颜色。

图 10-92

10.2 应用灯光和摄像机

在 After Effects CS6 中，三维层具有材质属性，但要得到满意的合成效果，还必须在场景中创建和设置灯光。图层的投影、环境和反射等特性只有在一定的灯光下才能发挥作用。

在三维空间的合成中，除了灯光和图层材质会赋予其多种多样的效果以外，摄像机也是相当重要的，因为利用不同的视角观察物体所得到的光影效果也是不同的。同时，摄像机在动画的控制方面增强了灵活性和多样性，丰富了图像合成的视觉效果。

10.2.1 课堂案例——星光碎片

◎ 案例学习目标　学习使用摄像机制作星光碎片效果。

案例知识要点

使用"渐变"命令制作背景渐变和彩色渐变效果；使用"分形噪波"命令制作发光特效；使用"闪光灯"命令制作闪光灯效果；使用"矩形遮罩"工具绘制遮罩；使用"碎片"命令制作碎片效果；使用"摄像机"命令添加摄像机层并制作关键帧动画；使用"位置"属性改变摄像机层的位置；使用"启用时间重置"命令改变时间。星光碎片效果如图 10-93 所示。

⊕ 效果所在位置　　云盘\Ch10\星光碎片\星光碎片.aep。

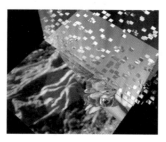

扫码观看　　　扫码查看
本案例视频　　扩展案例

图 10-93

1. 制作渐变效果

（1）按 Ctrl+N 组合键，弹出"图像合成设置"对话框，在"合成组名称"文本框中输入"渐变"，其他选项的设置如图 10-94 所示，单击"确定"按钮，即可创建一个新的合成"渐变"。

（2）选择"图层 > 新建 > 固态层"命令，弹出"固态层设置"对话框，在"名称"文本框中输入"渐变"，将"颜色"设置为黑色，如图 10-95 所示，单击"确定"按钮，在"时间线"面板中将新增一个黑色固态层，如图 10-96 所示。

图 10-94　　　　　　　图 10-95　　　　　　　图 10-96

（3）选中"渐变"层，选择"效果 > 生成 > 渐变"命令，在"特效控制台"面板中，设置"开始色"为黑色，"结束色"为白色，其他参数的设置如图 10-97 所示。设置完成后，"合成"预览窗口中的效果如图 10-98 所示。

图 10-97　　　　　　　　　　　　　　　图 10-98

2. 制作发光效果

（1）再次创建一个新的合成并将其命名为"星光"。在"星光"合成中新建一个固态层"噪波"。选中"噪波"层，选择"效果 > 杂波与颗粒 > 分形噪波"命令，在"特效控制台"面板中进行参数设置，如图 10-99 所示。"合成"预览窗口中的效果如图 10-100 所示。

图 10-99　　　　　　　　　　　　　图 10-100

（2）将时间标签放置在 0s 的位置，在"特效控制台"面板中，分别单击"变换"下的"乱流偏移"和"演变"选项左侧的"关键帧自动记录器"按钮，如图 10-101 所示，记录第 1 个关键帧。

（3）将时间标签放置在 4s24 帧的位置，在"特效控制台"面板中，设置"乱流偏移"选项的数值为-3200.0，240.0，"演变"选项的数值为 1.0，0.0，如图 10-102 所示，记录第 2 个关键帧。

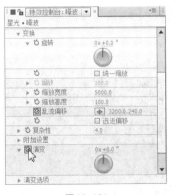
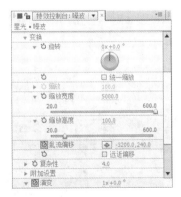

图 10-101　　　　　　　　　　　　　图 10-102

（4）选择"效果 > 风格化 > 闪光灯"命令，在"特效控制台"面板中进行参数设置，如图 10-103 所示。"合成"预览窗口中的效果如图 10-104 所示。

图 10-103 图 10-104

（5）在"项目"面板中，选中"渐变"合成并将其拖曳到"时间线"面板中。将"噪波"层的"轨道蒙版"设置为"亮度蒙版'渐变'"，如图 10-105 所示。隐藏"渐变"层后，"合成"预览窗口中的效果如图 10-106 所示。

图 10-105 图 10-106

3. 制作彩色发光效果

（1）在当前合成中建立一个新的固态层"彩色光芒"。选择"效果 > 生成 > 渐变"命令，在"特效控制台"面板中，设置"开始色"为黑色，"结束色"为白色，其他参数的设置如图 10-107 所示，设置完成后，"合成"预览窗口中的效果如图 10-108 所示。

扫码观看
本案例视频

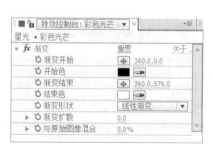

图 10-107 图 10-108

（2）选择"效果 > 色彩校正 > 彩色光"命令，在"特效控制台"面板中进行参数设置，如图 10-109 所示。"合成"预览窗口中的效果如图 10-110 所示。

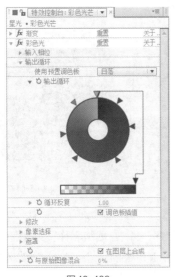

图 10-109　　　　　　　　　　　图 10-110

（3）在"时间线"面板中，设置"彩色光芒"层的混合模式为"颜色"，如图 10-111 所示。"合成"预览窗口中的效果如图 10-112 所示。在当前合成中建立一个新的固态层"遮罩"，选择"矩形遮罩"工具，在"合成"预览窗口中拖曳鼠标指针绘制一个矩形遮罩，如图 10-113 所示。

（4）选中"遮罩"层，按 F 键展开"遮罩羽化"属性，如图 10-114 所示；设置"遮罩羽化"选项的数值为 200.0，200.0，如图 10-115 所示。

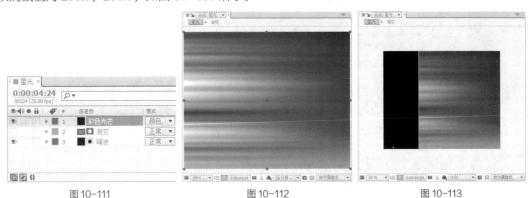

图 10-111　　　　　　　图 10-112　　　　　　　图 10-113

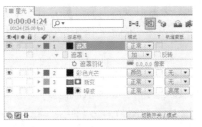

图 10-114　　　　　　　　　　　图 10-115

（5）选中"彩色光芒"层，将"彩色光芒"层的"轨道蒙版"设置为"Alpha 蒙版'遮罩'"，如图 10-116 所示。隐藏"遮罩"层后，"合成"预览窗口中的效果如图 10-117 所示。

 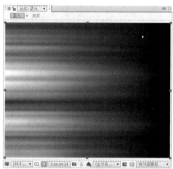

图 10-116 图 10-117

4. 编辑图片光芒效果

（1）按 Ctrl+N 组合键，弹出"图像合成设置"对话框，在"合成组名称"文本框中输入"碎片"，其他选项的设置如图 10-118 所示，单击"确定"按钮，即可创建一个新的合成"碎片"。

（2）选择"文件 > 导入 > 文件"命令，在弹出的"导入文件"对话框中，选择云盘中的"Ch10\星光碎片\（Footage)\ 01.jpg"文件，单击"打开"按钮导入图片。在"项目"面板中，选中"渐变"合成和"01.jpg"文件，将它们拖曳到"时间线"面板中，同时单击"渐变"层左侧的"眼睛"按钮 ，关闭该层的可视性，如图 10-119 所示。

图 10-118 图 10-119

（3）选择"图层 > 新建 > 摄像机"命令，弹出"摄像机设置"对话框，在"名称"文本框中输入"摄像机 1"，其他选项的设置如图 10-120 所示，单击"确定"按钮，在"时间线"面板中将新增一个摄像机层，如图 10-121 所示。

（4）选中"01.jpg"层，选择"效果 > 模拟仿真 > 碎片"命令，在"特效控制台"面板中，将"查看"设置为"渲染"模式，展开"外形"属性，进行参数设置，如图 10-122 所示。展开"焦点 1"和"焦点 2"属性，在"特效控制台"面板中进行参数设置，如图 10-123 所示。展开"倾斜"和"物理"属性，在"特效控制台"面板中进行参数设置，如图 10-124 所示。

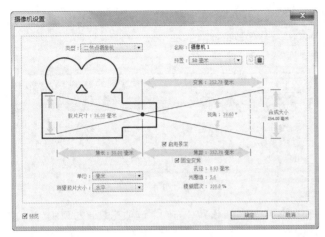

图 10-120

图 10-121

图 10-122

图 10-123

图 10-124

（5）将时间标签放置在 2s 的位置，在"特效控制台"面板中，单击"倾斜"下的"碎片界限值"选项左侧的"关键帧自动记录器"按钮，如图 10-125 所示，记录第 1 个关键帧。将时间标签放置在 3s 18 帧的位置，在"特效控制台"面板中，设置"碎片界限值"选项的数值为 100%，如图 10-126 所示，记录第 2 个关键帧。

图 10-125

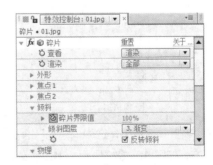

图 10-126

（6）在当前合成中建立一个新的红色固态层"参考层"，如图 10-127 所示。单击"参考层"层右侧的"3D 图层"按钮 <img>，打开三维属性，单击该层左侧的"眼睛"按钮 <img>，关闭该层的可视性。设置"摄像机 1"层的"父级"关系为"1.参考层"，如图 10-128 所示。

图 10-127　　　　　　　　　　　　　　　图 10-128

（7）选中"参考层"层，按 R 键展开"旋转"属性，设置"方向"选项的数值为 90.0°，0.0°，0.0°，如图 10-129 所示。将时间标签放置在 1s 16 帧的位置，单击"Y 轴旋转"选项左侧的"关键帧自动记录器"按钮 <img>，如图 10-130 所示，记录第 1 个关键帧。

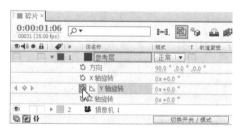

图 10-129　　　　　　　　　　　　　　　图 10-130

（8）将时间标签放置在 4s 24 帧的位置，设置"Y 轴旋转"选项的数值为 0x+120.0°，如图 10-131 所示，记录第 2 个关键帧。选中"摄像机 1"层，按 P 键展开"位置"属性，将时间标签放置在 0s 的位置，设置"位置"选项的数值为 320.0，-900.0，-50.0，单击"位置"选项左侧的"关键帧自动记录器"按钮 <img>，如图 10-132 所示，记录第 1 个关键帧。

（9）将时间标签放置在 1s 10 帧的位置，设置"位置"选项的数值为 320.0，-700.0，-250.0，如图 10-133 所示，记录第 2 个关键帧。将时间标签放置在 4s 24 帧的位置，设置"位置"选项的数值为 320.0，-560.0，-1000.0，如图 10-134 所示，记录第 3 个关键帧。

图 10-131　　　　　　　　　　　　　　　图 10-132

（10）在"项目"面板中，选中"星光"合成，将其拖曳到"时间线"面板中，并放置在"摄像机 1"层的下方，如图 10-135 所示。单击"星光"层右侧的"3D 图层"按钮 <img>，打开三维属性，设置该层的混合模式为"添加"，如图 10-136 所示。

图 10-133

图 10-134

图 10-135

图 10-136

（11）选中"星光"层，按 P 键展开"位置"属性，将时间标签放置在 1s 22 帧的位置，设置"位置"选项的数值为 720.0，288.0，0.0，单击该选项左侧的"关键帧自动记录器"按钮 🕑，如图 10-137 所示，记录第 1 个关键帧。将时间标签放置在 3s 24 帧的位置，设置"位置"选项的数值为 0.0，288.0，0.0，如图 10-138 所示记录第 2 个关键帧。

图 10-137

图 10-138

（12）将时间标签放置在 1s 11 帧的位置，按 T 键展开"透明度"属性，设置"透明度"选项的数值为 0%，单击该选项左侧的"关键帧自动记录器"按钮 🕑，如图 10-139 所示，记录第 1 个关键帧。将时间标签放置在 1s 22 帧的位置，设置"透明度"选项的数值为 100%，如图 10-140 所示，记录第 2 个关键帧。

图 10-139

图 10-140

（13）将时间标签放置在 3s 24 帧的位置，单击"在当前时间添加或移除关键帧"按钮 ◇，如图

10-141 所示，记录第 3 个关键帧。将时间标签放置在 4s 11 帧的位置，设置"透明度"选项的数值为 0%，如图 10-142 所示，记录第 4 个关键帧。

图 10-141   图 10-142

（14）选择"图层 > 新建 > 固态层"命令，弹出"固态层设置"对话框，在"名称"文本框中输入"底板"，将"颜色"设置为浅灰色（其 R、G、B 的值均为 175），单击"确定"按钮即可在当前合成中建立一个新的浅灰色固态层，将其拖曳到最底层，如图 10-143 所示。

（15）单击"底板"层右侧的"3D 图层"按钮 ⬛，打开三维属性，按 P 键展开"位置"属性，将时间标签放置在 3s 24 帧的位置，设置"位置"选项的数值为 360.0，288.0，0.0，单击该选项左侧的"关键帧自动记录器"按钮 ⏱，如图 10-144 所示，记录第 1 个关键帧。

图 10-143   图 10-144

（16）将时间标签放置在 4s24 帧的位置，设置"位置"选项的数值为−550.0，288.0，0.0，如图 10-145 所示，记录第 2 个关键帧。

（17）将时间标签放置在 3s24 帧的位置，选中"底板"层，按 T 键展开"透明度"属性，设置"透明度"选项的数值为 50%，单击该选项左侧的"关键帧自动记录器"按钮 ⏱，如图 10-146 所示，记录第 1 个关键帧。

图 10-145   图 10-146

（18）将时间标签放置在 4s24 帧的位置，设置"透明度"选项的数值为 0%，记录第 2 个关键帧，如图 10-147 所示。

图 10-147

5. 制作最终效果

（1）按 Ctrl+N 组合键，弹出"图像合成设置"对话框，在"合成组名称"文本框中输入"最终效果"，其他选项的设置如图 10-148 所示，单击"确定"按钮。在"项目"面板中选中"碎片"合成，将其拖曳到"时间线"面板中，如图 10-149 所示。

图 10-148

图 10-149

（2）选中"碎片"层，选择"图层 > 时间 > 启用时间重置"命令，将时间标签放置在 0s 的位置，在"时间线"面板中，设置"时间重置"选项的数值为 04：24，如图 10-150 所示，记录第 1 个关键帧。将时间标签放置在 4s24 帧的位置，在"时间线"面板中，设置"时间重置"选项的数值为 0，如图 10-151 所示，记录第 2 个关键帧。

图 10-150

图 10-151

（3）选择"效果 > Trapcode > Starglow"命令，在"特效控制台"面板中进行参数设置，如图 10-152 所示。

（4）将时间标签放置在 0s 的位置，单击"Threshold"选项左侧的"关键帧自动记录器"按钮 ○，如图 10-153 所示，记录第 1 个关键帧。将时间标签放置在 4s24 帧的位置，在"特效控制台"面板中，设置"Threshold"选项的数值为 480，如图 10-154 所示，记录第 2 个关键帧。

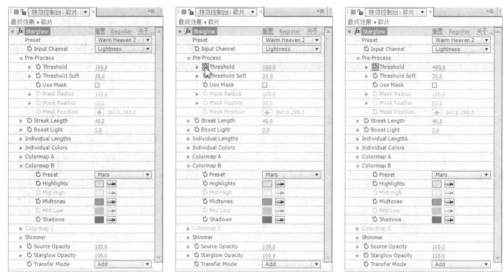

图 10-152   图 10-153   图 10-154

（5）星光碎片效果制作完成，如图 10-155 所示。

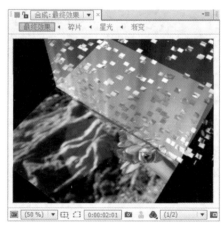

图 10-155

扫码观看
本案例视频

扫码观看
本案例视频

10.2.2 创建和设置摄像机

创建摄像机的方法很简单：选择"图层 > 新建 > 摄像机"命令，或按 Ctrl+Shift+Alt+C 组合键，然后在弹出的对话框中进行设置，如图 10-156 所示，最后单击"确定"按钮即可完成创建。

名称：设定摄像机的名称。

预置：此下拉列表中有 9 种常用的摄像机镜头，例如标准的"35mm"镜头、"15mm"广角镜头、"200mm"长焦镜头等。

单位：确定在"摄像机设置"对话框中所使用的参数单位，包括像素、英寸和毫米 3 个选项。

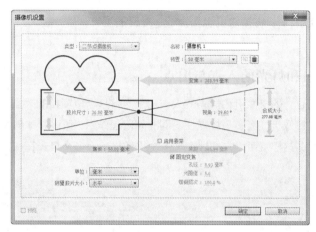

图 10-156

测量胶片大小：可以改变测量胶片尺寸时的基准方向，包括水平、垂直和对角 3 个选项。

变焦：设置摄像机到图像的距离。该数值越大，通过摄像机显示的图像就会越大，视野也会相应地减小。

视角：设置视角。角度越大，视野越宽，相当于广角镜头；角度越小，视野越窄，相当于长焦镜头。调整此参数时，会和"焦长""胶片尺寸""变焦"这 3 个值互相影响。

焦长：设置焦距。焦距指的是胶片和镜头之间的距离。焦距短，就是广角效果；焦距长，就是长焦效果。

启用景深：设置是否启用景深功能，配合"焦距""孔径""光圈值""模糊层次"参数使用。

焦距：设置焦点距离，确定从摄像机到图像最清晰的位置之间的距离。

孔径：设置光圈大小。不过在 After Effects CS6 里，光圈大小与曝光没有关系，仅仅影响景深的大小。该数值越大，图像前后清晰的范围就会越来越小。

光圈值：快门速度，此参数与"孔径"是互相影响的，同样影响背景的模糊程度。

模糊层次：控制背景的模糊程度，数值值越大越模糊，如果数值为 0% 则不进行模糊处理。

10.2.3　利用工具移动摄像机

在"工具"面板中有 4 个用来移动摄像机的工具。在当前工具上按住鼠标左键不放，即可弹出其他工具的选项，或按 C 键可以实现这 4 个工具之间的切换，如图 10-157 所示。

图 10-157

合并摄像机工具：合并其他几种工具的功能。使用鼠标的不同按键可以完成不同的操作，其中鼠标左键为旋转、滚轮为平移、右键为推拉。

轨道摄像机工具：以目标为中心点旋转摄像机的工具。

XY 轴轨道摄像机工具 ：在垂直方向或水平方向上平移摄像机的工具。

Z 轴轨道摄像机工具 ：将摄像机镜头拉近、推远的工具，也就是让摄像机在 z 轴向上平移的工具。

10.2.4　摄像机和灯光的入点与出点

在默认状态下，新建立的摄像机和灯光的入点和出点就是合成项目的入点和出点，即作用于整个合成项目。为了使多个摄像机或者多个灯光在不同时间段起作用，可以修改摄像机或者灯光的入点和出点，改变其持续时间，这样就可以方便地实现多个摄像机或者多个灯光在时间上的切换，效果如图 10-158 所示。

图 10-158

10.3　课堂练习——冲击波

练习知识要点

使用"椭圆形遮罩"工具绘制椭圆形遮罩；使用"粗糙边缘"命令制作粗糙化效果并添加关键帧；使用"Shine"命令制作发光效果；使用三维属性调整空间效果；使用"缩放"属性与"透明度"属性设置形状的大小与透明度。冲击波效果如图 10-159 所示。

效果所在位置　云盘\Ch10\冲击波\冲击波.aep。

图 10-159

扫码观看
本案例视频

扫码观看
本案例视频

10.4　课后习题——旋转文字

☆ 习题知识要点

　　使用"蜂巢图案"命令、"亮度与对比度"命令、"快速模糊"命令和"辉光"命令制作背景效果；使用"摄像机"命令制作空间效果。旋转文字效果如图 10-160 所示。

⊕ 效果所在位置　　云盘\Ch10\旋转文字\旋转文字.aep。

扫码观看
本案例视频

图 10-160

第 11 章
渲染与输出

对于制作完成的影片，渲染和输出效果的好坏将直接影响影片的质量。较好的渲染和输出效果可以使影片在不同的设备上都能得到很好的播放效果，从而方便用户的作品可以通过各种媒介得到传播。本章主要讲解了 After Effects CS6 的渲染与输出功能。读者通过对本章的学习，可以掌握渲染与输出的方法和技巧。

课堂学习目标

✔ 掌握渲染与输出的方法

11.1 渲染

渲染是整个影片制作过程的最后一步，也是相当关键的一步。即使前面的制作再精妙，不成功的渲染也会直接导致制作失败。渲染方式影响着影片最终呈现出来的效果。

After Effects CS6 可以将合成项目输出成视频文件、音频文件或者序列图片等。输出的方式包括两种：一种是选择"文件 > 导出 > 添加到渲染队列"命令直接输出单个合成项目；另一种是选择"图像合成 > 添加到渲染队列"命令，将一个或多个合成项目添加到"渲染队列"中，然后逐一批量输出。"渲染队列"面板如图 11-1 所示。

图 11-1

其中，通过"文件 > 导出 > 添加到渲染队列"命令输出时，可选的格式和解码较少；通过"图像合成添加到渲染队列"命令输出时，可以进行非常高级的专业控制，也可选择多种格式和解码。

因此，在这里主要探讨如何使用"渲染队列"面板进行输出，掌握了它，就掌握了通过"文件 > 导出 > 添加到渲染队列"命令输出影片的方式。

11.1.1 "渲染队列"面板

在"渲染队列"面板中可以控制整个渲染进程，调整各个合成项目的渲染顺序，设置每个合成项目的渲染质量、输出格式和路径等。在添加新项目到渲染队列中时，"渲染队列"面板将自动打开，如果不小心关闭了该面板，也可以通过"窗口 > 渲染队列"命令，或按 Ctrl+Alt+0 组合键，再次打开此面板。

单击"当前渲染"左侧的三角形按钮▶，显示的信息如图 11-2 所示，主要包括当前正在渲染的合成项目的进度、正在执行的操作、当前输出的路径、文件大小、预测的最终文件的大小、剩余的硬盘空间等，渲染队列区如图 11-3 所示。

图 11-2

图 11-3

需要渲染的合成项目都将依次排列在渲染队列里，此时可以设置合成项目在"渲染设置""输出组件"（输出模式，格式和解码器等）、"输出到"（文件名和路径）等方面的属性。

渲染：设置是否进行渲染操作，只有被选中的合成项目才会被渲染。

：选择标签颜色，用于区分不同类型的合成项目，方便用户识别。

#：队列序号，决定渲染的顺序，可以在合成项目上按住鼠标左键并将其向上或向下拖曳到目标位置，从而改变渲染顺序。

合成名称：显示合成项目的名称。

状态：显示当前状态。

开始：显示渲染开始的时间。

渲染时间：显示渲染所花费的时间。

单击左侧的▶按钮展开具体的信息，如图 11-4 所示；单击▼按钮可以选择已有的预置设置；单击当前的设置标题，可以打开相应的对话框。

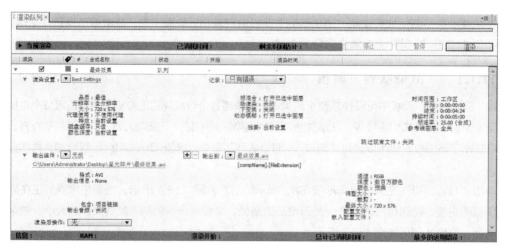

图 11-4

11.1.2 渲染设置

渲染设置的方法：单击 ▼ 按钮，选择"Best Settings"选项，单击该按钮右侧的设置标题，弹出"渲染设置"对话框，如图 11-5 所示。

（1）"合成组"设置区，如图 11-6 所示。

图 11-5

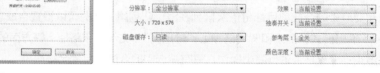

图 11-6

品质：设置层质量。"当前设置"是指采用各层当前的设置，即根据"时间线"面板中各层的品质的设定而定；"最佳"是指全部采用最好的质量（忽略各层的质量设置）；"草稿"是指全部采用粗略模式（忽略各层的质量设置）；"线框图"是指全部采用线框模式（忽略各层的质量设置）。

分辨率：设置像素采样质量，其中包括全分辨率、1/2、1/3 和 1/4 等选项。另外，用户还可以通过选择"自定义"命令，在弹出的"自定义分辨率"对话框中自定义分辨率。

磁盘缓存：决定是否采用选择"编辑 > 首选项 > 内存与多处理器控制"命令后出现的对话框中的内存设置，如图 11-7 所示。如果选择"只读"，则代表不采用当前"首选项"对话框里的设置，而且在渲染过程中，不会有任何新的帧被写入内存。

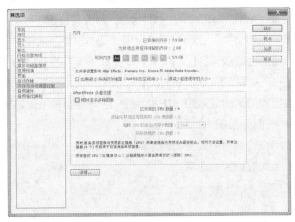

图 11-7

代理使用：决定是否使用代理素材。"当前设置"是指采用当前"项目"面板中各素材当前的设置；"使用全部代理"是指全部使用代理素材进行渲染；"仅使用合成的代理"是指只对合成项目使用代理素材；"不使用代理"是指不使用代理素材。

效果：决定是否采用特效滤镜。"当前设置"是指采用当前时间轴中各个特效当前的设置；"全开"是指启用所有的特效滤镜，即使某些滤镜处于暂时关闭状态；"全关"是指关闭所有特效滤镜。

独奏开关：指定是否只渲染"时间线"面板中"独奏"开关●开启的层，如果设置为"全关"则代表不考虑"独奏"开关的状态。

参考层：指定是否只渲染参考层。

颜色深度：选择色深，包括"8 位/通道""16 位/通道"和"32 位/通道"等选项。

（2）"时间取样"设置区如图 11-8 所示。

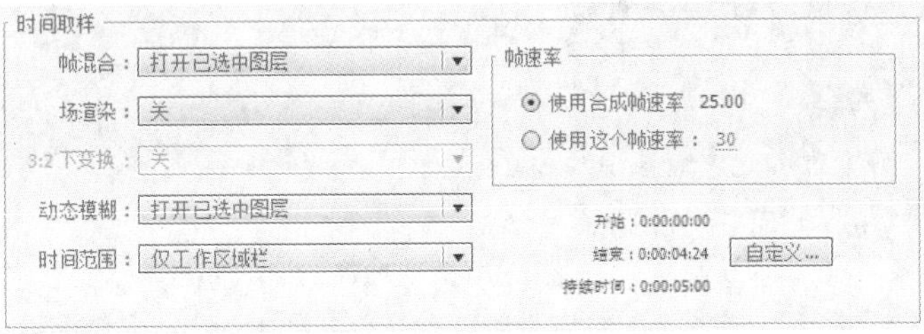

图 11-8

帧混合：决定是否启用"帧混合"功能。此项包括以下 3 个选项："当前设置"是指根据当前"时间线"面板中的"帧混合"开关 的状态和各个层的"帧混合模式"按钮 的状态，来决定是否使用"帧混合"功能；"打开已选中图层"是指忽略"帧混合"开关 的状态，对所有设置了"帧混合模式"的图层应用"帧混合"功能；如果选择"图层全关"，则代表不启用"帧混合"功能。

场渲染：指定是否采用场渲染方式。"关"表示渲染成不含场的影片；"上场优先"表示渲染成上场优先的含场的影片；"下场优先"表示渲染成下场优先的含场的影片。

3:2 下变换：决定 3:2 下拉的引导相位法。

动态模糊：决定是否启用"动态模糊"功能。"当前设置"是指根据当前"时间线"面板中的"动态模糊"开关 的状态和各个层的"动态模糊"按钮 的状态，来决定是否使用"动态模糊"功能；"打开已选中图层"是指忽略"动态模糊"开关 的状态，对所有设置了"动态模糊"的图层应用"运动模糊"效果；如果选择"图层全关"，则表示不启用"动态模糊"功能。

　　时间范围：定义渲染当前合成项目的时间范围。"合成长度"表示渲染整个合成项目，也就是设置了多长的持续时间，输出的影片就持续多长时间；"仅工作区域栏"表示根据"时间线"面板中设置的工作环境的范围来设定渲染的时间范围（按 B 键，工作范围开始；按 N 键，工作范围结束）；"自定义"表示自定义渲染的时间范围。

　　使用合成帧速率：使用合成项目中设置的帧速率。

　　使用这个帧速率：使用此处设置帧速率。

　　（3）"选项"设置区如图 11-9 所示。

图 11-9

　　跳过现有文件（允许多机器渲染）：选中此选项将自动忽略已存在的序列图片，也就是忽略已经渲染过的序列图片，此功能主要用在网络渲染时。

11.1.3　输出组件设置

　　在第 1 步"渲染设置"完成后，就要开始进行输出组件设置，主要设定输出的格式和解码方式等。单击 按钮，可以选择系统预置的格式和解码方式，单击右侧的设置标题，弹出"输出组件设置"对话框，如图 11-10 所示。

　　（1）基础设置区如图 11-11 所示。

图 11-10

图 11-11

　　格式：设置输出的文件的格式，例如 MPEG2-DVD、JPEG 序列、WAV 等。

　　渲染后操作：指定 After Effects CS6 是否使用刚渲染的文件作为素材或者代理素材。"导入"

是指渲染完成后将文件自动作为素材并置入当前项目中；"导入并替换"是指渲染完成后将文件自动置入当前项目中并替代当前项目，同样适用于这个合成项目被嵌入其他合成项目中的情况；"设置代理"是指渲染完成后将文件作为代理素材并置入当前项目中。

（2）视频设置区如图 11-12 所示。

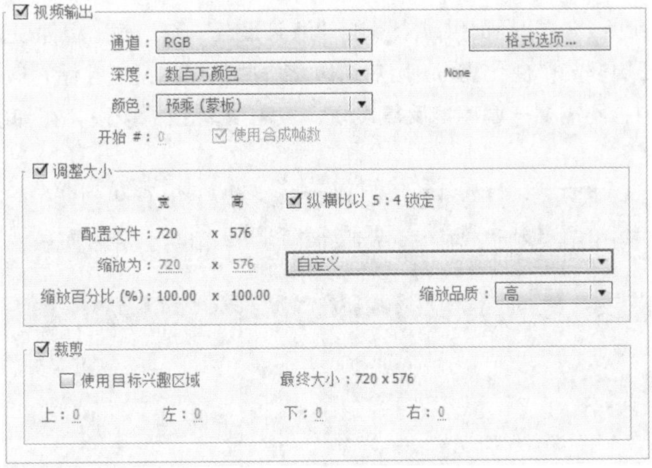

图 11-12

视频输出： 决定是否输出视频信息。

通道： 选择输出的通道，包括 RGB、Alpha 和 RGB+ Alpha3 个选项。

深度： 选择色深。

颜色： 指定输出的视频所包含的 Alpha 通道为哪种模式，是"直通（无蒙版）"模式还是"预乘（蒙版）"模式。

开始#： 当输出的格式是序列图时，在这里可以指定序列图的文件名的序列数。为了方便识别，也可以勾选"使用合成帧数"复选框，让输出的序列图的数字就是其帧数字。

格式选项： 选择视频的编码方式。虽然之前确定了输出的格式，但是每种文件格式又包含多种编码方式，编码方式的不同会导致生成的影片的质量完全不同，最后生成的文件量也会有所不同。

调整大小： 决定是否对画面进行缩放处理。

缩放为： 设置缩放后的具体尺寸，也可以在右侧的预置列表中选择。

缩放品质： 选择缩放质量。

纵横比以 5:4 锁定： 决定是否设置宽高比为特殊比例。

裁剪： 决定是否裁切画面。

使用目标兴趣区域： 仅采用"合成"预览窗口中的"目标兴趣范围"工具 ▣ 所确定的画面区域。

上、左、下、右： 分别设置上、左、下、右 4 个方向上被裁剪的像素尺寸。

（3）音频设置区如图 11-13 所示。

图 11-13

音频输出： 决定是否输出音频信息。

格式选项： 选择音频的编码方式，也就是选择用什么压缩方式压缩音频。

音频质量设置： 包括赫兹、比特、立体声或单声道设置。

11.1.4 渲染与输出的预置

虽然 After Effects CS6 已经提供了众多的"渲染设置"和"输出组件设置"的预置选项，不过可能还是不能满足更多的个性化需求。用户可以将一些常用的设置存储为自定义的预置，以便以后在进行输出操作时，不需要一遍遍地反复设置，只需要单击 ▼ 按钮，在弹出的下拉列表中选择即可。

分别选择"编辑 > 模板 > 渲染设置"和"编辑 > 模板 > 输出组件"命令，弹出的"渲染设置模板"对话框和"输出组件模板"对话框分别如图 11-14 和图 11-15 所示。

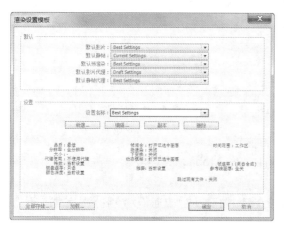

图 11-14

图 11-15

11.1.5 编码和解码问题

完全不压缩的视频和音频的数据量是非常庞大的，因此在输出时需要通过特定的压缩技术对数据进行压缩处理，以减小最终的文件量，便于传输和存储。这样就产生了输出时选择恰当的编码器，播放时使用同样的解码器进行解压还原画面的过程。

目前与视频传输相关的最为重要的编码标准包括国际电信联盟的 H.261、H.263，静止图像专家组的 M-JPEG 和运动图像专家组的 MPEG 系列标准等。此外，在互联网上被广泛应用的还有 Real-Networks 的 RealVideo、Microsoft 公司的 WMT 以及 Apple 公司的 QuickTime 等。

就文件的格式来讲，对于 AVI 这种在 Windows 操作系统中的通用视频格式，现在流行的编码和解码方式有 Xvid、MPEG-4、DivX、Microsoft DV 等；对于 MOV 格式，比较流行的编码和解码方式有 MPEG-4、H.263、Sorenson Video 等等。

在输出时，最好选择应用较为广泛的编码器和文件格式，或者目标客户平台共有的编码器和文件格式，否则，在其他播放环境中播放时，会因为缺少解码器或相应的播放器而无法看见视频或者听到声音。

11.2　输出

可以将制作好的视频进行多种方式的输出，如输出标准视频、输出合成项目中的某一帧、输出序列图片、输出胶片文件、输出 Flash 格式文件等。下面具体介绍视频的输出方法和形式。

11.2.1　输出标准视频

（1）在"项目"面板中，选择需要输出的合成项目。

（2）选择"图像合成 > 添加到渲染队列"命令，或按 Ctrl+M 组合键，将合成项目添加到渲染队列中。

（3）在"渲染队列"面板中进行渲染属性、输出格式和输出路径的设置。

（4）单击"渲染"按钮开始渲染运算，如图 11-16 所示。

图 11-16

（5）如果需要将此合成项目渲染成多种格式的文件，可以在第（3）步之后，选择"图像合成 > 添加输出组件"命令，添加输出格式并指定另一个输出文件的路径以及名称，这样可以做到一次创建、任意发布。

11.2.2　输出合成项目中的某一帧

（1）在"时间线"面板中，移动当前时间标签到目标帧所在的位置。

（2）选择"图像合成 > 另存单帧为 > 文件"命令，或按 Ctrl+Alt+S 组合键。添加渲染任务到"渲染队列"中。

（3）单击"渲染"按钮开始渲染运算。

（4）另外，如果选择"图像合成 > 另存单帧为 > Photoshop 图层"命令，则直接打开"另存为"对话框，设置好路径和文件名后，单击"确定"按钮即可完成单帧画面的输出。

11.2.3　输出序列图片

After Effects CS6 支持多种格式的序列图片的输出，其中包括 AIFF、AVI、DPX/Cineon 序列、F4V、FLV、H.264、H.264 Blu-ray、IFF 序列、Photoshop 序列和 Targa 序列等。可以使用胶片记录器将输出的序列图片转换为电影。

（1）在"项目"面板中，选择需要输出的合成项目。

（2）选择"图像合成 > 添加到渲染队列"命令，将合成项目添加到渲染队列中。

（3）单击"输出组件"右侧的设置标题，打开"输出组件设置"对话框。

（4）在"格式"下拉列表中选择序列图格式，如图 11-17 所示，选择后可以设置其他选项的设置。单击"确定"按钮，完成序列图的输出设置。

图 11-17

（5）单击"渲染"按钮开始渲染运算。

11.2.4 输出 Flash 格式文件

After Effects CS6 还可以将视频输出成 Flash SWF 格式文件或者 Flash FLV 格式文件，步骤如下。

（1）在"项目"面板中，选择需要输出的合成项目。

（2）选择"文件 > 导出 > Adobe Flash Player（SWF）"命令，在弹出的"另存为"对话框中选择 SWF 格式文件的存储路径和名称，单击"保存"按钮，弹出"SWF 设置"对话框，如图 11-18 所示。

JPEG 品质：分为低、中、高、最高 4 种品质。

不支持的功能：对 SWF 格式文件不支持的效果进行设置，"忽略"是指忽略所有不兼容的效果；"栅格化"是指将不兼容的效果位图化，保留效果，但是可能会增大文件量。

音频：设置 SWF 格式文件的音频质量。

循环播放：决定是否让 SWF 格式文件循环播放。

防止编辑：设置禁止在此置入，对文件进行加密保护。

包含对象名称：保留对象的名称。

图 11-18

包含图层标记的 Web 链接信息：保留在层标记中设置的网页链接信息。

合并 Illustrator 原图：如果合成项目中含有 Illustrator 素材，建议选中此复选框。

（3）完成渲染后，产生两个文件，即 HTML 格式文件和 SWF 格式文件。

（4）如果要输出 FLV Flash 格式文件，可在第（2）步时，选择"文件 > 导出 > Adobe Flash

Professional（XFL）"命令，弹出"Adobe Flash Professional（XFL）设置"对话框，如图 11-19
所示，单击"格式选项"按钮，弹出"FLV 选择"对话框，如图 11-20 所示。

图 11-19

图 11-20

（5）设置完成后，单击"确定"按钮，在弹出的"另存为"对话框中指定存储路径和文件名称，
单击"保存"按钮即可输出视频。

第 12 章
综合设计实训

本章的综合设计实训案例是根据商业视频设计项目的真实情境而设计的，其目的是训练读者利用所学知识完成商业视频设计项目。通过多个视频设计项目案例的演练，读者将进一步掌握 After Effects CS6 的强大功能和使用技巧，并学会应用所学知识制作出专业的视频设计作品。

课堂学习目标

✔ 掌握软件的功能和使用技巧
✔ 熟练应用各个特效

12.1 宣传片制作——制作房地产广告

12.1.1 项目背景及要求

1. 客户名称

水墨人家房地产有限公司。

2. 客户需求

水墨人家房地产有限公司是一家以民生地产、文化旅游、健康养生为主营业务的房地产公司，业务范围涉及新房、二手房、租房、家居、金融等。本例是为该公司新的楼盘设计一则广告，要求能体现出新楼盘丰富多变的设计风格。

3. 设计要求

（1）要求将房屋作为设计主体，体现出本期宣传的主题和风格。

（2）设计风格要简洁直观，让人一目了然，增加亲近感。

（3）标志要醒目突出，达到宣传的目的。

（4）设计规格均为 720px（宽）×576px（高），像素纵横比为 D1/DV PAL（1.09），帧速率为 25 帧/秒。

12.1.2　项目创意及制作

1. 素材资源

图片素材所在位置：云盘中的"Ch12\制作房地产广告\(Footage)\01.jpg ～ 06.png"。

2. 作品参考

设计作品参考效果所在位置：云盘中的"Ch12\制作房地产广告\制作房地产广告.aep"。效果如图 12-1 所示。

图 12-1

3. 制作要点

使用"位置"属性和关键帧制作背景动画效果；使用图层入点控制画面的出场时间；使用"曲线"命令调整图像的亮度；使用"遮罩"命令制作文字动画效果。

12.2　纪录片制作——制作城市夜生活纪录片

12.2.1　项目背景及要求

1. 客户名称

澄石生活网。

2. 客户需求

澄石生活网是一个生活信息整合平台，为人们提供了餐饮、购物、娱乐、健身、医疗、银行等方面的生活信息的一站式查询服务。现在需要为其都市夜景栏目设计纪录片，要营造出神秘、炫丽的氛围，让人产生积极参与的欲望。

3. 设计要求

（1）在画面中要突出宣传主题，表现出纪录片的特色。

（2）画面色彩的对比要强烈，能抓住人们的视线。

（3）设计风格统一、有连续性，能直观地表现宣传主题。

（4）设计规格均为 720px（宽）×576px（高），像素纵横比为 D1/DV PAL（1.09），帧速率为 25 帧/秒。

12.2.2　项目创意及制作

1. 素材资源

图片素材所在位置：云盘中的"Ch12\制作城市夜生活纪录片\(Footage)\01.mov ~ 04.aep"。

2. 作品参考

设计作品参考效果所在位置：云盘中的"Ch12\制作城市夜生活纪录片\制作城市夜生活纪录片.aep"。效果如图 12-2 所示。

图 12-2

扫码观看
本案例视频

扫码观看
本案例视频

扫码观看
本案例视频

3. 制作要点

使用"分形噪波"命令、"CC 透镜"命令、"圆"命令、"CC 调色"命令、"快速模糊"命令、"辉光"命令、"色相位/饱和度"命令制作动态线条效果；使用"应用动画预置"命令制作文字动画效果；使用"镜头光晕"命令制作灯光动画效果。

12.3　电子相册制作——制作草原美景相册

12.3.1　项目背景及要求

1. 客户名称

卡嘻摄影工作室。

2. 客户需求

卡嘻摄影工作室是摄影行业比较有实力的摄影工作室，该工作室擅长运用艺术家的眼光捕捉独特的瞬间，使事物的艺术性和个性得到充分的体现。卡嘻摄影工作室现需要制作一个草原美景相册，要求表现出大草原独特的魅力。

3. 设计要求

（1）相册要具有极强的表现力。

（2）使用颜色和特效烘托出事物特有的个性。

（3）设计要富有创意，体现出多彩的草原生活。

（4）设计规格均为 720px（宽）×576px（高），像素纵横比为 D1/DV PAL（1.09），帧速率为 25 帧/秒。

12.3.2 项目创意及制作

1. 素材资源

图片素材所在位置：云盘中的"Ch12\制作草原美景相册\(Footage)\01.jpg ~ 04.png"。

2. 作品参考

设计作品参考效果所在位置：云盘中的"Ch12\制作草原美景相册\制作草原美景相册.aep"。效果如图 12-3 所示。

扫码观看
本案例视频

图 12-3

3. 制作要点

使用"位置"属性和关键帧制作图片移动动画效果；使用"缩放"属性和关键帧制作图片缩放动画效果。

12.4 栏目制作——制作探索太空栏目

12.4.1 项目背景及要求

1. 客户名称

赏珂文化传媒有限公司。

2. 客户需求

探索太空栏目是一档主题为探索太空奥秘的电视栏目，以直观的形式体现太空变幻莫测的特点。要求为该档栏目设计宣传片，在设计上希望能表现出神秘感和科技感。

3. 设计要求

（1）设计风格要直观醒目，充满现代感。

（2）图文搭配要合理，让画面显得既和谐又美观。

（3）整体设计要能够彰显出科技的魅力。

（4）设计规格均为 1050px（宽）×576px（高），像素纵横比为方形像素，帧频率为 25 帧/秒。

12.4.2 项目创意及制作

1. 素材资源

图片素材所在位置：云盘中的"Ch12\制作探索太空栏目\(Footage)\01.jpg 、02.aep"。

2. 作品参考

设计作品参考效果所在位置：云盘中的"Ch12\制作探索太空栏目\制作探索太空栏目.aep"。效果如图 12-4 所示。

图 12-4

3. 制作要点

使用"CC 星爆"命令制作星空效果；使用"辉光"命令、"镜头模糊"命令、"遮罩"命令制作地球和太阳动画效果；使用"填充"命令、"斜面 Alpha"命令制作文字动画效果。

12.5 节目片头制作——制作都市节目片头

12.5.1 项目背景及要求

1. 客户名称

时尚生活电视台。

2. 客户需求

时尚生活电视台是一个介绍人们的衣、食、住、行等资讯的电视台。现在要求为该电视台制作都市节目的片头，要能体现出多姿多彩的都市夜生活。

3. 设计要求

（1）设计要以都市夜景为画面主体，体现宣传的主题。

（2）设计风格要简洁大气，让人一目了然。

（3）颜色对比强烈，能直观地展示节目的风格。

（4）设计规格均为 1644px（宽）×925px（高），像素纵横比为 D1/DV PAL（1.09），帧速率为 25 帧/秒。

12.5.2 项目创意及制作

1. 素材资源

图片素材所在位置：云盘中的"Ch12\制作都市节目片头\(Footage)\01.avi ~ 05.avi"。

2. 作品参考

设计作品参考效果所在位置：云盘中的"Ch12\制作都市节目片头\制作都市节目片头.aep"。效果如图 12-5 所示。

图 12-5

3. 制作要点

使用"色阶"命令调整视频的亮度；使用"位置"属性、"缩放"属性、"透明度"属性制作场景动画；使用"横排文字"工具输入文字；使用"阴影"命令制作文字阴影效果。

12.6 短片制作——制作体育运动短片

12.6.1 项目背景及要求

1. 客户名称

时尚生活电视台。

2. 客户需求

时尚生活电视台是一个介绍人们的衣、食、住、行等资讯的电视台。现在要求为该电视台制作体育运动短片，要能体现出丰富多彩的体育生活。

3. 设计要求

（1）设计要以体育竞技画面为主体，体现宣传的主题。

（2）设计风格要简洁大气，让人一目了然。

（3）颜色对比强烈，能直观地展示节目的风格。

（4）设计规格均为 1 644px（宽）×925px（高），像素纵横比为 D1/DV PAL（1.09），帧速率为 25 帧/秒。

12.6.2 项目创意及制作

1. 素材资源

图片素材所在位置：云盘中的"Ch12\制作体育运动短片\（Footage）\01.avi ~ 07.jpg"。

2. 作品参考

设计作品参考效果所在位置：云盘中的"Ch12\制作体育运动短片\制作体育运动短片.aep"。效果如图 12-6 所示。

图 12-6

扫码观看
本案例视频

3. 制作要点

使用"CC 网格擦除"命令、"百叶窗"命令和"CC 图像式擦除"命令制作视频过渡效果；使用"低音与高音"命令为音乐添加特效；使用"边角固定"命令改变视频的角度。

12.7 课堂练习——设计音乐在线片头

12.7.1 项目背景及要求

1. 客户名称

乐媚传播网。

2. 客户需求

扫码观看
本案例视频

扫码观看
本案例视频

乐媚传播网是一家以音乐制作、媒体互动、歌曲搜索、专辑推荐、音乐排行等内容为主的音乐传播类网站，得到众多用户的一致好评。该网站最新推出音乐在线栏目，需要制作栏目的片头，要求营造出快乐、激情、热闹的氛围，能让人产生积极参与的欲望。

3. 设计要求

（1）设计要以音乐元素为主导。

（2）设计形式要醒目清晰，能表现栏目的特色。

（3）画面色彩的对比要强烈，能够让人一目了然、印象深刻。

（4）设计规格均为 720px（宽）×576px（高），像素纵横比为 D1/DV PAL（1.09），帧速率为 25 帧/秒。

12.7.2 项目创意及制作

1. 素材资源

图片素材所在位置：云盘中的"Ch12\设计音乐在线片头\（Footage）\01.jpg"。

2. 制作提示

首先，新建项目与合成并导入素材文件；其次，新建固态层并添加遮罩；再次，将素材文件拖曳到"时间线"面板中；最后，输入文字并为文字添加动画效果。

3. 知识提示

使用"3D Stroke"命令制作描边效果；使用"辉光"命令制作发光效果；使用"Shine"命令制作放射动画效果；使用"应用动画预置"命令制作文字动画效果。

12.8 课后习题——设计健身运动纪录片

12.8.1 项目背景及要求

1. 客户名称

赏丽健身房。

2. 客户需求

赏丽健身房是一家拥有齐全的器械设备、较全的健身及娱乐项目、专业的教练和良好的健身氛围的健身房。本例是为该健身房设计健身运动纪录片，要求符合纪录片的主题，体现出健康感和品质感。

扫码观看
本案例视频

3. 设计要求

（1）内容以健身短片和健身经历为主。

（2）使用暖色调的底图烘托出明亮、健康、温暖的氛围。

（3）要表现出健康自律、积极向上的态度。

（4）设计规格均为 720px（宽）×576px（高），像素纵横比为 D1/DV PAL（1.09），帧速率为 25 帧/秒。

12.8.2 项目创意及制作

1. 素材资源

图片素材所在位置：云盘中的"Ch12\设计健身运动纪录片\(Footage)\01.avi ~ 05.avi"。

2. 制作提示

首先，新建项目与合成并导入素材文件；其次，将素材文件拖曳到"时间线"面板中；再次，为素材文件添加特效和关键帧；最后，输入文字并为文字添加动画效果。

3. 知识提示

使用"矩形遮罩"工具和图层混合模式制作背景效果；使用"位置"属性和"旋转"属性制作图标旋转效果；使用"横排文字"工具输入文字；使用"缩放"属性制作文字动画效果。